我们都是

黑衣控

How Not to Wear Black

[英] 朱尔斯·斯坦迪什 著

张宏 译

广西科学技术出版社

著作权合同登记号　桂图登字：20-2012-005号

Copyright @ 2011 Jules Standish
Originally published in the UK by O Books, Laurel House, Station Approach, New
Alresford, Hampshire, SO24 9JH, UK
Published in 2013 under licence from O Books.

图书在版编目（CIP）数据

我们都是黑衣控/(英)斯坦迪什（Standish,J.）著；张宏译. —南宁：广西科学技术出版
社，2013.11
ISBN 978-7-5551-0044-7

Ⅰ. ①我…　Ⅱ. ①斯…　②张…　Ⅲ. ①服饰美学—基本知识　Ⅳ. ①TS941.11

中国版本图书馆CIP数据核字（2013）第225414号

WOMEN DOU SHI HEIYIKONG
我们都是黑衣控

作　者：〔英〕朱尔斯·斯坦迪什	译　者：张　宏
策　划：耳　尔	版权编辑：卢　洁
责任编辑：李　静	责任校对：曾高兴　田　芳
责任印制：陆　弟	

出 版 人：韦鸿学	出版发行：广西科学技术出版社
社　　址：广西南宁市东葛路66号	邮政编码：530022
电　　话：010-53202557（北京）	0771-5845660（南宁）
传　　真：010-53202554（北京）	0771-5878485（南宁）
网　　址：http://www.ygxm.cn	在线阅读：http://www.ygxm.cn

经　　销：全国各地新华书店	
印　　刷：北京尚唐印刷包装有限公司	邮政编码：100162
地　　址：北京市大兴区西红门镇曙光民营企业园南8条1号	
开　　本：787mm×1092mm　1/32	
字　　数：70千字	印　张：5.5
版　　次：2013年11月第1版	印　次：2013年11月第1次印刷
书　　号：ISBN 978-7-5551-0044-7	
定　　价：32.00元	

Contents目录

前言 …… 6

第一章 了解点黑色心理学

自古以来，男人都想知道女人到底在想什么。他们在买黑色衣服时到底是如何想的呢？

奇妙的颜色 …… 13

气质和黑色 …… 16

女人为什么穿黑色？你一直坚信的这些理由统统都是错的 …… 17

第二章 黑色的真相

黑色可以让你更苗条？黑色可以让你更有品位？如果因为穿黑色，让自己苍老十岁，你愿意吗？

关于颜色的理论 …… 37

TIPS：名人观点 …… 39

第三章 美丽的黑色

要选择对自己有加分作用的颜色，知道如何回避那些带来负面影响的色彩。和谐的色彩可以自然地减去脸上的岁月痕迹。

优雅地老去才是我们的终极目标 …… 48

为什么黑色决定皮肤的年龄 …… 51

你属于哪个季节的皮肤 …… 53

皮肤属性 Q&A …… 55

第四章 黑色的秘密

为什么人们的衣橱里总是少不了黑色？颜色真的能影响你的健康和身体状态吗？黑色为何可以穿越千年一直保持时尚性呢？

时尚性 …… 61

TIPS: 颜色分析 …… 64

第五章 你有穿黑色的气质吗

只需要诚实写下答案，最终你会找到真正的自己，发现适合自己的颜色。

你的个性是什么 …… 80

个性问卷 …… 82

第六章 你有穿黑色的基因吗

你已了解了你所属的性格类别，现在让我们看看遗传基因如何影响着装颜色的选择。这章在寻找对的颜色的过程中，你会逐步发现黑色是否包含在你的颜色区域内。

眼睛的秘密 …… 98

眼睛的形状也显示出健康、气质和皮肤特质 …… 101

蓝色的眼睛 …… 102

真正棕色的眼睛 …… 103

颜色悬挂法 …… 108

第七章 如果你不适合穿黑色，怎么穿

如果你不适合穿黑色，但对黑色还是恋恋不舍，那请让我告诉你如何以不同方式继续美丽地穿着黑色。

围巾是个宝 …… 122

用对珠宝和金属 …… 123

注意领子和 Polo衫的颜色 …… 123

想苗条穿黑色下装 ⋯⋯ 124

小黑裙 ⋯⋯ 124

有色彩的上装让你不显老 ⋯⋯ 125

帽子会影响脸色 ⋯⋯ 125

用化妆提升气色 ⋯⋯ 126

一些实例 ⋯⋯ 126

该穿什么颜色的服装 ⋯⋯ 132

春季女人 ⋯⋯ 133

秋季女人 ⋯⋯ 140

夏季女人 ⋯⋯ 146

第八章　适合黑色的你如何驾驭它

看完本章你会发现什么颜色的妆容、珠宝和配件最适合自己。你的颜色板会为你提供所有冷色调选择，来帮助你丰富你的衣橱和配饰。

冬季女人 ⋯⋯ 152

第九章　穿黑色的男人

黑色对脸部的负面影响真是男女平等的，甚至对男性的影响更为严重。因为男性不会像女性那样用化妆掩盖黑眼圈和皱纹。

商务颜色 ⋯⋯ 160

男人的颜色——冷色或暖色 ⋯⋯ 163

第十章　黑色主义

如果我们彻底了解了颜色的好处，将黑色和其他适合的颜色组合，不仅能享受苗条和性感，不必担心脸部会因此显老，缺陷凸显，还能让生活变得更为正面、和谐和自信。

FOREWORD 前言

电台主持人、作家詹妮·格蕾丝

哦，你真走运！令人振奋的英国色彩专家朱尔斯·斯坦迪什在这本伟大的新书中对色彩心理和个人风格分析做了全面解析。她对于我完全信任，认为我能很好地理解这本关于个人风格和色彩分析的书。

记得几年前我曾咨询过一位色彩专家，这位女士在我的脖子上放了几条不同颜色的围巾，事后寄给我一些样品，那些无趣颜色都是我不喜欢的。经过这次所谓的色彩尝试，我最终还是回到安全的黑色。

同样是色彩专家，和朱尔斯接触后则收获颇丰，而不是只获得了一些关于颜色区间的皮毛知识。朱尔斯在色彩大师约翰·伊顿色彩构成理论的基础上，对颜色做过相当深入的研究。她解释说，不同的颜色能让人们感受到刺激、鼓舞、温暖等不同的情绪。简言之，颜色的力量是变化无穷的。了解颜色的特性不仅能增强时尚感，还可以让人们真正了解自己的个性，感受到身心的和谐。从她那儿我还意识到穿黑色显瘦的理论有时不那么靠谱。

　　毫无疑问，颜色会影响我们大脑的反应，我们肯定都知道一个艳阳高照的天气会让大家情绪高涨。和那些地中海国家或者其他热带国家相比，英国这样常年细雨缠绵的气候就会让人情绪低落。如果再穿上黑灰的颜色只会增加我们的负面情绪。这个时候，如果在服装和饰品上注入一些颜色，就能为黯淡的生活增加一抹阳光。

　　朱尔斯的颜色理论并不局限于时装，她也意识到颜色对住宅的重要性，在我出版的《住宅需要后天设计》一书中，她还撰写了一个很棒的家居颜色和室内设计色彩的指南。

　　朱尔斯对时尚和材质的环保问题也很关注，她很欣赏我衣柜里那些从慈善商店＊买来的时髦二手货，虽然有

＊慈善商店，由英国慈善机构成立，店员都是义工，卖的产品是大家捐出来的旧东西和二手商品，偶尔也有未拆封的新玩意，产品包罗万象，所得收入就成为慈善机构的收入来源之一。

些二手衣服不能满足我的颜色需求只能再回炉到慈善商

店去。更多时候，朱尔斯很愿意帮我将那些衣服搭配出

不同的色彩组合和风格，我也很喜欢她对自然肤色和化

妆术的热情（她可是一个出色的美妆艺术家）。

希望每位读者都能从书中受益，尤其是那些对黑色

和灰色有心理阴影的读者能通过这本书进入一个色彩缤

纷的世界，这里呈现的将是全新的黑色。

第一章　了解点黑色心理学

自古以来，男人都想知道女人到底在想什么，女人的心思很难猜，有时简单有时又很复杂，尤其是在选购服装时。女人复杂是因为感性的成分引导其选择不同的颜色和款式；女人也很简单，因为她们就是单纯地想让自己看起来更年轻漂亮、健康苗条、富有魅力。难怪男人会大呼不解。

理解颜色对个性和情绪的影响至关重要，因为颜色会通过我们眼睛所看和对皮肤的映衬影响我们。这也是为什么穿着适合自己个性和气质的颜色能提升自信和健康。对的颜色能对身心有益，错的颜色则会抑制天性。

心理咨询机构加尔布雷斯咨询中心的加尔布雷斯医生是高级讲师，也是心理咨询和生活方式专家，她如此评价黑色：

"黑色有很强的心理和象征意义，黑色通常和内心的黑暗挨边，是光明内心的反面。以此类推，黑色也反映出一个人的内心，散发着内心的气质，我的心理病人经常形容他们宛如身在一个黑洞，试图在尽头寻找光明。当人们感到情绪低落、脆弱或失去控制时，如果让他们形容置身在何种颜色时，他们经常回答是黑色。他们也会用黑色的彩笔画图案，这种习惯也许来自童年。

"随着时间推移，悲伤的阴影凝聚成黑色，心灵的色彩以服装颜色这种微妙的形式折射出来。黑色因此成为悲伤的同义词，所以我们的亲人朋友会在葬礼上身穿黑色，不仅表示对死者的尊重，也是内心情绪的折射。

"据我所知一些人在探望生病的亲友时会想选择一些亮丽的颜色来为亲友的生活注入一些生气，但是黑色依然还是最稳妥的颜色。在人们感到悲伤和失落时，往往需要用服装来表达他们的情绪。

"所以，如果你成为黑色控，是因为想凭借黑色获得力量、安全和性感这些代表自尊的感受，或者希望借此获得一些正面的意义。当你这样做的时候，你在口头和运用肢体语言同他人交流时，也会从你的姿势和仪态中表现出来，一个人如何看待自己，完全会从他的衣着、仪态、言谈等地方表现出来。"

《天使的救赎》和《绿野仙踪》的作者皮帕·梅里韦尔认为黑色可以帮助人们发现内心的隐秘情感和黑暗面。

"只有在我们感觉安全时，我们才会敢于面对黑暗。外界一直以这种或那种的方式影响着内心。穿着一件黑色的连衣裙会让你感觉自己看起来很棒，慢慢地你也习惯了面对内在的黑色。身穿一身颜色黯淡的服装能产生一种安全被保护的感觉，当习惯外在的黑色，内在的黑暗也就敢于面对了。内在那些讨厌的想法和个性可能让你感到很不舒服，但是通过正视自己的内在，或许会发现隐藏在黑暗中的才能和天赋，这些都是你做梦都不会想到的自己拥有的东西。

"当你发现自己其实是一个有魅力、美好，可以和 T 型台模特媲美的女性时，你才拥有了'真正'的力量。"

这说明女性身着黑色有很多不同的心理原因，它可以是为了苗条、容易搭配、安全感、守护、有型有款等，这些理由让女性们选择了黑色。

● 奇妙的颜色

在历史的长河中，那些先贤哲学家把颜色同个性联系在一起，颜色对现代人生活的影响也是奇妙的。理解颜色的四季可以提升颜色对心理的影响力。

歌德是 18 世纪第一位研究颜色影响力的哲学家和作家，他在 1810 年出版的《颜色理论》一书中提出，颜色对人的感情有一种直接的影响。荣格还运用颜色的象征意义，鼓励病人通过绘画和颜色表达他们深层的情绪。

在 20 世纪初期，巴塞尔大学心理学教授吕舍尔通过颜色选择来评估人们的行为，诊断和治愈人们的心理和生理疾病。

他发明了吕舍尔颜色测试，一种根据颜色来评估心理的工具，他相信颜色有一种折射感性的功能，个人的颜色偏好可以显示出个性。

美国艺术史学家费伯·比伦撰写的颜色书籍可能比任何人都多，在他的《颜色心理和颜色治愈——颜色对人类生活影响研究》一书中，他提供了很多颜色同心理相关的可信信息。

高德斯坦医生是德国神经病学家和心理学家，他在一战期间负责治疗脑损伤士兵，他发现颜色不仅影响我们整体，对人的神经系统和心理也有影响。

为支持其观点，他还写道，一位有小脑疾病的女士，她走路不平稳，有趣的是，当她身穿红色连衣裙时，她的病症加剧，但是当穿着绿色和蓝色衣服时，平衡感则增强。这个病例说明红色会干扰人类的器官，而蓝色、绿色则不会。

试验证明，正红色会刺激神经系统，通过释放荷尔蒙肾上腺素，短暂增加新陈代谢。另外一方面，蓝色则有平复神经系统的能力，帮助人们放松。

冷色系通常被应用在传统和单调的场合，如在办公室和工厂中常见冷色系。暖色调因其令人感觉舒适被应用在居家和餐厅这类休闲场所。暖色会让人看起来更高更大，而冷色则会使人显得更矮更小。

早在 20 世纪初期，颜色被广泛应用在医院和学校以减少事故发生。

物理学家费利克斯调查发现，人们在明亮和谐的环境里会因为对不同颜色的反应而有情绪低沉或高涨的不同变化。颜色还有物理性影响，能提升血压，强化神经系统。当我们偏好不同的颜色时，颜色也会相应地帮助我们。外向性格的人趋向于红色，内向的人则喜欢蓝色。肤色深的人偏向红色，而皮肤白皙的人则喜欢蓝色。

日光在人们决定颜色喜好时起着重要作用，当日光强烈时，人们偏向温暖生动的颜色。而缺少阳光的地区，冷色和深色会比较多。红色敏感者如墨西哥人有着深色的眼睛、头发和肤色，所以他们偏好红色和暖色；而斯堪的那维亚人有着白皙的皮肤、绿色或蓝色的眼睛、浅色头发，他们则是蓝色和绿色的爱好者。

● 气质和黑色

人的气质和与生俱来的样貌有着密切的关系，这一理论基础早在 2000 年前就已由希波克拉底创立。

他相信人体由四种元素空气、水、火和土组成，对应这四种元素的是血液、黏液、黄胆汁和黑胆汁，如果其中一种元素占据主导则会影响个体的气质和外观。

春天气质的人大多血液充足，他们脸色红润。夏天气质的人有黏液优势，皮肤多为苍白色。秋季气质的人则主打黄胆汁，肤色偏黄色和深黄色，这些颜色也只适合秋季的人。冬季气质的人偏黑胆汁，适合黑色。

古希腊物理学家盖伦在公元 2 世纪发展了四个基础气质，我们沿用至今。

四个主要气质各有其重要的特质，且在生命中会在重要时刻影响我们的个性，这些是我们根本意识不到的。任何创伤和疾病都可能让人的性格变得沮丧和忧郁，这个时候人们就会选择黑色衣服作为对这种苦难的反映。

适合自身气质的颜色会为生命带来和谐，带来正面的能量，让自己变得更好。颜色会和气质结合，春秋气质的人配合相符的颜色会变得更加外向，夏冬气质的人也会因为搭配对应的颜色使气质更加明显。

● 女人为什么穿黑色？你一直坚信的这些理由统统都是错的

很多女性喜欢穿黑色，我在工作中，常见穿黑色的女性。我会提醒一些人她们穿黑色起到的是反效果，有些人会发誓说再也不穿黑色了；而有的人则可以继续穿着黑色，不必担心黑色增加苍老感。女性如果学会将黑色与适合的颜色搭配，其实她们可以继续做黑衣控，而且不用担心黑色对肤色的影响。

黑色常被赋予神秘、矛盾的特质。穿黑色的女性想在人群中保持低调和苗条。有一个简单又世故的理论是，黑色是最百搭颜色，安全又能适合每个人。

很多女性坚信黑色可适合于任何一种场合。同时，时尚业也生产出大量不同款式的黑色衣服来满足女性需求，尤其是那些高端品牌更是灌输女性一种观念：黑色是最时髦的颜色，尤其是在寒冷的日子。如果女性在秋冬选择其他色系的服装，那么时尚业也会提供更多元化的颜色选择。

还有一种误解，就是当我们老去时，就该让我们的身上素净一些，颜色越少越好。我曾看到很多女性五六十岁时，就宛如生命终结，整日穿着丧礼时才会穿着的黑色服装。殊不知穿着对的颜色才能让自己看起来更年轻，而不是独孤一色。

所以，为什么女人爱穿黑色？从哪里开始的？据我的个人经历，我把女性穿黑色的理由分成五种，看看你是否属于其中的一种还是多种。

1. 为了苗条身材

当我觉得身材发福，我就会选择黑色夹克。（琼·考林斯）

很难相信琼竟然也有身材发福的时候，但是对很多像她一样的暖色系皮肤的人来说，我们恐怕不能分享这种过酷的装扮。她的时尚观点就是每个人如果想时髦得体，就该身穿黑色，且要选用 Polo 衫的领子。但其实这样做只是让很多女性看起来更老而已。

这也可以解释为什么那么多女性在早上看到镜子里的自己变胖时，就会下意识地选择黑色衣服。是什么让我们确信黑色能立刻让我们瘦一圈或者变苗条？这种观

念是从小就被媒体、模特、设计师和高端品牌灌输的观念，

他们是不是完全错误的呢？

不可否认，如果黑色恰巧是属于你的颜色区间，那

它的确会让你更为苗条。如果黑色不是你的颜色，那变

苗条的魔法未必会发生在你身上。

桑德拉是一个穿 16 码服装的女性，她说："如果体

重超重，我发现穿得色彩鲜艳反而会突出肥胖的部位，

而黑色则会掩饰我的身材，让人们不会注意到我的大尺

寸。我一直坚持用黑色来隐藏自己，不希望脱颖而出。

但是我清楚地知道穿黑色并不会让我的脸部变得光彩

照人。"

色彩风格理论创立人文森特说：

"我身穿一件雪白的手工制的丝质外套，款式不是

修身的那种，但是当我出现在公开场合，人们都会觉得

我瘦了。其实我的体重没有任何变化，我出门时，一位

男性朋友过来赞美我看起来气色很好，也很苗条。我感

觉很高兴，这件衣服成为我的战衣，后来又穿着它去参加广播处女秀。

"多年来，肥胖的女性总是说黑色才能让自己显瘦，这是因为视觉的错觉，比起暗色和黑色，我们的眼睛通常会感觉亮色和暖色更有拉近的感觉。

"但是真相是如果穿着不适合自己的黑色，比起那些对应自己的亮色，黑色反而让身材更加臃肿。冬季的夜空被黑色和深蓝色笼罩，看起来更加空灵。但是在其他季节，黑色和深蓝色的天空有时会有压抑的感觉。只有穿着适合自己脸部肤色的颜色，才能达到最佳的效果。"

关键是要理解什么颜色能将自己的身材优势最大化。可以在自己的最佳部位使用最强烈和亮眼的颜色，突出优点；而深色则用来遮掩身材的缺点，让其不那么明显。

不同身材和体形的女性都能找到自己的美丽之道，

作为一名时髦的女性，你应该使用适合自己气质的颜色来修饰身材，不必刻意强求用黑色来遮丑。

如果黑色将脸部的缺点强化，特别是使我们的年龄看上去显老，那身材再如何显瘦都没有意义。这本书接下来会告诉你如何让自己既苗条又年轻。

2. 黑色简单又有效

很多女性选择黑色的理由是黑色的百搭，当早晨起来，扫视衣柜，不知道穿什么出门时，黑色是最容易被想到的，因为黑色简单、百搭、实用又显得专业。尤其对办公室一族来说，黑色是最能彰显职业性和专业性一面的颜色。但是，要根据职业类型和场合穿着。

在鸡尾酒会上或是在办公室，黑色一直都是保守色系，很难带来惊喜。抛开优雅不谈，黑色代表穿者的权力和地位。不管你内在的感受如何，当黑色西装上身，内心的脆弱和不安都被这黑色所覆盖，让你可以专注于工作或游玩，而不被内心的情绪所影响。

我有几位客人，她们的职业是老师，在学校里她们都喜欢穿着黑色西装和夹克，因为她们想获得学生的尊重。黑色对第一印象也很重要，当你进入教室或谈一桩大生意时，黑色无疑会带来正面的鼓励。作为教师的女性借助穿着黑色获得尊重，且黑色的西装能让她们更自信地和孩子们交流。

如果在职场外，还一如既往地穿着黑色，那么在黑色的基本款如裤子和裙子上面穿一件有颜色的上装，你会惊奇地发现自己立刻有了神采。站在镜子前，你会感到自己看起来比任何时候都健康红润、气色佳。

这一改变不费太多工夫和金钱，有色彩的上装在预算内就可购得，慢慢地你的衣橱就会变得丰富多彩了。当你在清晨打开衣橱时，看到如彩虹般多变的衣服，而不是千篇一律的黑色时，心情也会为之一振。

3. 黑色很安全

莱斯利从 50 岁时开始穿黑色，因为她觉得黑色带给她安全感。本来一个很有魅力的女性却用黑色把自己从头到脚包裹起来，周围的人们也不会有何异议，因为在他们看来黑色本来就是简单又安全的颜色。

穿着黑色会让你隐藏在人群中，在派对中你也不会太显眼，因为大部分女性在这个场合也会穿着黑色。如果你选择其他颜色反而会变得引人注目。对于那些不想被别人注意而损伤自信心的人来说，黑色再合适不过。**黑色让女性感觉舒服安全，但也要承受黑色为脸部形象带来的负面影响。**

加尔布雷斯医生说："对于缺乏自信的人，穿黑色能帮助他们获得力量、控制力、性感和内心渴望的地位。但是，这无形中也泄露了他们内心的秘密，即对自己不满意的现实。他们希望借助黑色这个充满力量的颜色能影响他人，改变现状，赐予他们权力和权威，这暴露出他们在现实中的无力感。

"缺乏自尊感的人需要用黑色获得他人的尊重，但如果他们持续穿着黑色，会产生一种错觉，认为只要一直穿黑色这种力量就不会消失。黑色成为一种心理暗示和保护色，无法摆脱。

"但不幸的是，黑色只是一个辅助，真正的力量来源于人本身，而不是黑色衣服。因此，与其依赖黑色，还不如自尊自爱，不要过多在意别人的看法才是真正的自尊。"

在冬季，冷色系居多，肤色属于冷色系的人进门时，可能会东张西望，她发现自己的肤色、头发和气质搭配黑色的衣服如此和谐，以致自己非常自信自在。但对于那些肤色属于暖色系的人，就不能享受这样的时刻，因为黑色只会令她显得更老气。

4. 在生病和苦难时，黑色是一种保护色

如果遭遇生命中的感情创伤和变故，如死亡、离婚或大病时，黑色能把你掩盖起来，直到你伤愈后愿意出来。黑色是人们保护自己不受外界伤害的最佳颜色。

在葬礼或身心受到创伤时，黑色能提供一层保护膜，人们需要穿着黑色度过那段黑暗的日子。但是穿黑色也会成为一种习惯，当本可以伤愈开始正面生活时，人们却不愿意脱下黑色。

下面是雷切尔的故事："很多时候，我都要一周两三次地钻进我的衣橱，看看能不能立刻创造出一种聪明、古典又年轻的搭配。我不需要安全的黑色，其他颜色让我感觉很享受。

"但是在我离婚的那段日子，黑色成了我的最爱，无论走到哪里，黑色的制服都成为我的避难所。我不再流连衣橱去想着搭配各种色彩，这个时候我发现穿着黑色真的很安心。

"穿着黑色就好像是为我因离婚荒芜的内心凭吊，我发现自己不再佩戴那些艳丽的配饰，而是满足黑色带给我的安全和舒适。黑色成为我的避风港，让我在它的保护下休息，舔舐伤口。

"然后有一天，我终于再次复活，恢复了生机，我张开双臂拥抱世界和朋友，开始在意我的外表。自信和生气又回来了，我又开始在衣橱前忙着搭配，在任何社交场合都能把自己装点成聪明、优雅、有魅力的女性。"

一位患上癌症的女性之前来看我，她因为治疗头发已掉光，药物的作用让她的体重增加，皮肤失去光彩。疾病使得她失去了自信，所以她的服装风格转向黑色，显然她想隐藏自己破损的身体和感情的失落。

治疗结束后，她想改变自己却又不知道从哪里开始。于是，她求助于颜色咨询师，当适合她的颜色穿在身上、涂抹在脸上时，她立刻惊喜地发现自己的脸色也可以显得如此健康。她脱掉了黑色，涂上蓝色眼影，穿上橙色和红色的衣服。我看到她脸上洋溢着欢快的笑容，多年的病痛好像从她脸上消失了。

几周后，她联系我说她很开心，周围的朋友都称赞她现在看起来又快乐又年轻。在经历长时间的病痛折磨后，她发现改变着装颜色能让自己重新魅力四射。

消沉沮丧是一种可怕的疾病。我的一位客户来见我时，从头到脚都包裹着黑色和深蓝色，看起来面色憔悴，显然经历了生活的变故。我希望颜色的魔法能帮助她。她是一名不得志的歌手，且独居生活，她承认选择黑色是因为想藏起来。

看完她填写的问卷调查结果，我了解到她为什么把自己陷在黑色里。她的皮肤是淡金色，有着一头金发和一双清澈的绿眼睛，如果她选择对的颜色来装扮自己一定会光彩照人。但是改变她把自己包裹在黑色里的习惯是困难的，尤其那时她正经历感情问题。她买了一些不同颜色的平价上装，试验自己是否喜欢。几个月后，我收到一封电子邮件，她说穿亮色衣服后，感觉开朗很多，皮肤也显得很有光泽。她现在已经结婚，去年还被提名格莱美奖。

这个实例完美地诠释了选对颜色对自己生活和情感

的正面影响。不管你自身的情况如何，颜色都能改变你的现在和未来。

5. 黑色性感、时髦又显得精明

简约剪裁和款式的小黑裙让女性倍加推崇，而它真正性感的原因是因为黑色隐藏了女性的情绪，激发了男性想了解和认知的欲望。实际上，真正让男性热血沸腾的颜色是红色而不是黑色。红色能提升血压，这也是为什么红色总是和浪漫、爱联系在一起。

性感来自内在的信心，穿着得体能让女性增加自信，不管是黑色还是其他颜色都会有这样的效果。如果你明白选择对的服装颜色不仅能让你年轻健康，且还能塑造好身材，那还等什么呢？黑色或许能让你散发性感魅力，但如果使得你更加老气，何必执着于此。

无疑，黑色在社交场合可以树立一种优雅得体的形象，或短或长的小黑裙和黑色西装都非常时髦，那些适合黑色的人，穿着黑色时举手投足都散发着性感魅力。

但对于不适合黑色又偏爱黑色的人，如果想保持时髦性

感，就要继续阅读下一章啦。

第二章　黑色的真相

你是一个坦率的人吗？你所穿着的颜色真正适合你吗？那些真正符合你个性的颜色是什么？你知道如何发现这些颜色吗？

建议你联系色彩专家安排一次颜色分析方面的面谈，因为在人的一生中，最好的投资就是投资在自己身上。了解自己适合的颜色，不仅能让你发现什么颜色会让自己看起来更加健康更加靓丽，而且可以检验黑色是让你更有个性更瘦，还是只是徒增老气、显得脸色黯淡。

想想我们这一生，从出生到死亡，身边围绕着太多的色彩，但是很少有人能意识到什么颜色属于自己这个问题。选对颜色，不仅能凸显个性，还能增加整体着装的和谐感。对的色彩不仅能让人更加年轻健康，还有心理治愈和情感安抚的作用。

很多人认为黑色是安全色，但黑色真的适用于所有人，让大家看起来更加神采奕奕吗？每个人都有其独特的气场和气味，在人生不同的阶段，颜色扮演着重要的角色，它可以影响我们的情绪。找到对的颜色，就如找到对的爱情一样，可以让人们每天都充满正能量。

我们出生时，**基因决定了我们的肤色、发色、体形，这些或许无法改变，但我们可以通过后天的努力改变那个"天然"的自己。**一个天性开朗又很风趣的人，当处理丧亲、离婚这样的惨事，或许会穿上黑色或暗色系来掩盖真正的自我。女性尤其喜欢用黑色来表达内在的情绪，比如生病、遭遇精神创伤、自暴自弃或者体重超重时，她们都会穿上黑色，这是一种无意识的选择，只是因为她们想获得治愈的力量和安全感。为什么人们总是在葬礼或遭遇不幸时自动地选择黑色？虽然黑色总是伴随着死亡和不幸，但也象征着神秘、黑暗和危险的边缘。

在现代的时尚里，黑色变身为性感和有格调的象征，黑色成为现代职场白领男女的必备颜色。而该颜色背后的安全感和受到庇护的作用有时却被忽略了。

颜色治疗专家和艺术家桑德特说，在绘画中，黑色在画面的边界处可起到框架作用，它能很好地勾勒出轮廓。所以当人们不想对这个世界展示其内在自我时，就会选择穿黑色作为一个屏障。对有些人来说，黑色更是成为对抗社会的重要盔甲。

当人们选择对的颜色时，基因成为不可忽略的考虑因素。因为每个人的肤色决定了他适合的颜色区间。你有忧郁症患者那种特有的深陷眼窝和冷色系肤色吗？你会为配合黑色而化上大浓妆吗？

一个真正的忧郁症女性患者也许会疯狂地喜爱黑色，但在西方世界，这样的女性只是少数，因为大部分人很难在不同年纪都能漂亮地演绎黑色。你是这样的人吗？下面的自我检测表会帮你找到答案。

只需要问自己几个简单的性格问题，你就能发现自己的色调。你是面色红润、脸色苍白、脾气易怒，还是内向忧郁，有自信穿上黑色而不显得疲惫、面带菜色？也许黑色对你来说只是一种时髦而不是个人风格。衣服的色彩要符合个人气质，如果穿着错误的颜色会发生什么呢？

很多优秀的心理学家包括荣格和鲁道夫·史代纳都曾经写过气质对人们个性的影响。希腊名医希波克拉底创立四体液说，将人的体质分为血液、黏液、黄胆、黑胆，还解析了四种体液如何影响我们的肤色。

黑色矛盾又情绪化，它常带给女人一种错觉，以为穿上黑色就能变得更苗条。时装设计师自己一年四季都身着黑色，通过媒体的宣传给大众洗脑，让人们觉得好像黑色才是最有品位的颜色。

按照时尚人士的观点，黑色不仅让人们曲线玲珑，还能让人看起来更年轻。社会名流的时尚走势也跟随着这种观点。很多大明星和大人物都身着黑色，借此来影响我们的穿衣文化，尤其影响着年轻一代。按照一位上了些年纪的美丽女士的观点，当女人的皮肤开始松弛，失去光泽，皱纹爬上脸庞，眼袋和黑眼圈开始出现，黑发中出现白发，如果再身着一身未必适合自己肤色的黑色服装，只会徒增老态。如果因为穿黑色，让自己苍老十岁，你愿意吗？

现代女性比以往任何时代的女性都希望自己看起来年轻和有神采，而颜色在其中可以扮演重要的角色。比起花大价钱去做拉皮，对的颜色同样能带来皮肤提拉的自然效果。

这种爱美心态不止限于女性，男性一样在意自己的时尚形象，也愿意花钱花时间打扮自己，错误的黑色同样会给男人的外表带来毁灭性的影响，而且遗憾的是他们很难用化妆弥补这种影响。

黑色适合你吗？黑色真的适合你的肤色和气质吗？如果黑色对你只有负面影响，我会告诉你如何能继续穿你的黑色衣服，又不会让你面色苍老和影响你的神采。

发现对的颜色能为生活的各个方面带来转变。为什么有的人穿着亮丽的颜色看起来容光焕发，而有的人穿上亮色就显得太夸张？为什么有时你的穿着会引来称赞，而有时则不会？这全都是颜色搞的鬼。

这本书将会帮助每个人找到适合自己的颜色，学会选择那些穿在身上更为和谐的色彩。对的颜色一旦找到，就宛如找到命定的伙伴，不仅能凸显个性，还能最大地美化外表和形象，让生活拥有正面的能量。

● 关于颜色的理论

颜色的分析和理论众多，可谓百家争鸣。虽然发色和眼睛颜色是选择衣服颜色中必须考虑的因素，但却不是决定性的。有人专门为不同发色和眼睛颜色的人发展出一个色谱，但是在实际操作中，这套理论并不实用。颜色分析的目的是提供准确的结果，这意味着选择颜色不能光靠肤色和发色这些天然的部分，一个人的个性、健康度和气质都要列入颜色考虑范围。理解自己的颜色基因是重要的，这决定了我们选择穿什么颜色的衣服和妆容。

不可否认，我们都从父母甚至祖父母那里继承了一些颜色，如肤色、发色、眼睛颜色等，这些来自不同家庭成员的基因组合出一个独一无二的你。

这本书所使用的颜色分析理论是20年前由文森特创立的，他是国际形象咨询联盟的创始成员，也是前任主席。他根据柏妮丝·肯特纳30年前在美国研究的方法创立了颜色鉴定法。

颜色鉴定法不同于类型分析法，这种方法更为历史悠久，它根据一系列测试来确定一个人的肤色，根据不同颜色与个人的肤色、发色和眼睛颜色等搭配组合后的整体效果来确定他最适合的颜色。这样的结果会更为准确和值得信赖。

颜色鉴定法的目标是最大化地保证肤色被颜色映衬得更有吸引力，这个方法也被广泛应用在整容行业来决定如何改善顾客的外貌。如皮肤上的纹路、皱纹、瑕疵、黑眼圈和其他的问题都可通过适当的颜色来得到改善，有时效果不亚于整容手术，甚至会比打肉毒杆菌更有效果，也更经济。

四个主要颜色区间被分成"四季"，如冷色系的冬天和夏天，暖色系的春天和秋天。自然界其实有更多的颜色选择来决定哪款更适合自己。

一个个体是独一无二的颜色组合的结果，除在个人季节中选出适当的颜色，还可能有亚季节色彩供你选择。

这本书会帮助读者找到自己的色彩，颜色会为一个人带来巨大的改变，好像魔法棒一样点亮五官，让人受益一生。

作为一本颜色自助指南，它可以为你，你的女友、妈妈、女儿和伙伴带来新的改变，这是最好的礼物，还可以使你转变对黑色的一些观念，一举多得。

● TIPS:名人观点

绿色女王戴安娜·莫兰对黑色的个人见解

戴安娜现在已经七十多岁了，作为模特和在电视节目中活跃数十年的主持人，她一直崇尚自然美，坚称自己没有做过美容手术。被世人称为绿色女王的她知道如何用黑色来变靓变有型。下面就分享一些"女王"的独家小窍门。

这个时代服装是没有年龄限制的，牛仔裤和上装能穿在任何年龄层的女性身上，不要被年龄束缚自己的着装选择，选择适合自己气质的衣服才是王道。

不管你的身材如何，当穿上纯色的衣服总会营造出更高更瘦的形象。因为整体单一的颜色不会将身体划分为两半，让其显得更短。而上装和下身裙子或裤子两件式穿法还是会把身体分成两个部分，因此会显得臀部更宽。

解决办法就是穿着更短或更长的上装来营造出瘦长的感觉。纯黑色能打造出修长的轮廓，但是可能需要其他颜色来提升衬托这种效果。

颜色可以治愈心灵，但是我们要意识到随着年龄的增长，我们肤色会不再红润健康，发色也会改变。**某个颜色或许适合年轻时的你，但是当你长大成人，这个颜色也许就不再是对的颜色。**如何用妆容和服装的颜色来焕发青春，让苍老的容颜回春是一门微妙的学问。

作为一名业余艺术家，我用色盘来让自己知道什么颜色搭配，什么颜色不搭。通过色盘可以清楚地看到颜色彼此的关系，自然中的颜色也是和谐组合的，我喜欢的花朵是三色堇，它就将紫色和黄色完美地组合在一起。

衣服能影响我们女人的心情，我总是喜欢做各种搭配来让自己看起来更漂亮，即使没有悦己者也没关系。穿多层的衣服不仅好看，还很实用。尤其在天气变化时，能像空调一样起到冷暖调节的作用。当我搭配一身服装，却有点犹豫不决时，我就按妈妈教我的"有犹豫就脱掉"的原则，重新搭配出不同的组合，直到满意。

等年纪逐渐增大，大多熟龄女性喜欢穿保险的黑色，个人认为穿衣服是为了让自己感觉更好，而不是为了安

全。如果全身都是黑色，那会是一个时尚大忌。在伦敦
工作时，即使身着黑色，我也会在脸部周围增加一些色
彩鲜艳的配件，如披肩、胸针、项链，让这些色彩提升
我的光彩。如果你掌握得当这种搭配技巧，黑色外套也
可以很耀眼。

方法很简单，就是多做实验，用一些色彩鲜艳的平
价小饰物，如花朵、布料等做各种尝试。混搭各种颜色
和材质，如深黑色皮夹克里面配一件浅黑色丝绸连衣裙。

在黑色中增加一些颜色能有不同的改变，你可以变
身为画家，尽情泼洒颜色。我很享受不同颜色组合后给
我带来的意想不到的视觉冲击。大胆些，一条颜色鲜艳
的围巾或炫目的首饰不一定花很多钱，但却能为简单的
黑色带来新感觉。一件装饰物或者充满设计感的服装能
让人们忽略身材的缺陷，而专注于你美丽的部分。

颜色的变化也有同样的效果。例如，**如果你的大腿
较粗，可以下身穿低调的黑色，而在上半身的服饰上做**

文章，搭配最闪亮的色彩，把注意力集中在上身。相反，如果你上身丰满或有小肚子，这样穿就不是明智的选择。可以穿一条浅黑色的连衣裙或黑色上衣，搭配黑色裤子或裙子来达到拉长和显瘦的效果。在上装外面可以搭配一件颜色亮丽的夹克，来提亮肤色。这样也可以把人们的视线从你丰满的上身转移开（因为它已被夹克下的黑色上衣掩盖住了）。

我把我的衣服都按颜色排列，在我的衣柜里有大量的黑色，如连衣裙、短裙、裤子和夹克。我从不会买那些看起来很时髦的颜色，只穿适合我，能让我舒适和更有光彩的颜色。

我把不同颜色的衣服分成不同的区域，绿色、黄色、红色、紫色和大量的黑色。这样能让我快速找到我想穿的衣服，并把它们轻松搭配起来。这样也能避免发现自己积压太多类似款式衣服的挫败感。所以如果想成为穿衣达人，就从收拾你的衣柜开始。保持衣柜整齐，避免

囤积，可以把不穿或不喜欢的衣服放在网上拍卖，或捐
赠给那些比你更需要的人。

　　最后，审视一下自己的身材吧，体重是否一年一年
持续增加？想让自己看起来更棒的终极办法就是不断地
运动和控制饮食，这样才能享受熟龄人生。

梦境专家达维娜·莫凯(《梦的私语》作者)的黑色心得

　　达维娜在新书发表前，曾来向我咨询一些关于公众
形象的建议。她金发碧眼，属于典型的暖色系女性。显然，
她一贯穿着的黑色系并不是属于她的色彩。

　　"和朱尔斯一起工作，用她的方法从眼睛和个性出发
去了解颜色心理学，对我来说是一次革命。我多年都坚
持穿'自己的颜色'，经过她的颜色诊断，认为我皮肤白
皙，又有一双淡蓝色的眼睛，可以很好地演绎黑色和白色，
或者全身黑色，一些大胆的颜色其实也可尝试。我曾经
那么喜欢穿黑色，衣橱里堆满了黑色衣服，朱尔斯改变
了我的衣橱和穿衣之道。那些我曾经最爱的黑色其实根

本不适合我。当经过朱尔斯的分析，我站在镜子前，惊奇地发现黑色让我如此苍老，皱纹那么明显。现在我已学会穿出自己的颜色，选择那些更浅、更亮丽的颜色。

"在新书发布时，我没有选择大众的黑色连衣裙，而是穿了一件亮紫色的外套。在发布会上，我收到无数赞美，大家都认为我看起来棒极了。同时，我很开心和那些多年未见的老友重逢，我也开始享受橙色和珊瑚色这些新色彩。这些颜色在几年前我是打死也不会尝试的。显然，它们才是我的幸运色，让我感觉精神焕发，浑身充满活力。

"虽然我的衣橱里依然保留了一些黑色的性感服装，但我却不想再走回头路，这可真是重要又意义深远的转变。

"我现在真的很享受和新颜色顾问一起逛街，去尝试那些非同寻常的颜色，我的大半辈子都固执地认为自己只适合黑色，现在想想有点可笑。我感觉自己现在又年轻又有神采，它们带给我一种全新的感觉。我能抛弃那种'我太老不能尝试这些色彩'的观念真是开心。"

　　能和詹妮、戴安娜、达维娜这样的女性工作，让我感觉很棒。她们为这本书贡献了很多有用的信息，强调出颜色的重要性。希望不同行业的女性，无论是家庭主妇，还是商业精英都能从这本书获益。因为当她们找到了对的颜色，颜色会为她们的自身形象和气质带来正面的影响力。对的颜色甚至能改变人生，我希望这本书能为你带来转变。

第三章　美丽的黑色

🌑 优雅地老去才是我们的终极目标

坦白地讲，每个人都希望自己尽可能地光彩照人。
尤其在年轻时，仗着青春无敌任意折腾，发型天天换，
今天去染个红色明天去烫个大卷儿。找各种廉价的化妆
品在脸上涂抹，也不管那些含铅的化学物质如何损伤皮
肤。就这样日复一日地折腾，有一天突然发现自己老了，
要为年轻时的荒唐行径买单了。那些糟糕的发色和服饰
再也不能用青春来弥补，没人想变老，但这又有什么办
法呢？唯一的办法就是优雅地老去。

一个人的形象和外貌、气质关系密切。随着年纪的
增长，长相也随着改变。正如有人说过，25岁前长相是
天生的，25岁以后则要自己负责。俗话说相由心生，快
乐女人的皮肤状况总是比天天苦闷的女人好很多，皱纹
也少。

现代女性追求外表时髦、苗条、富有青春活力，那
些明星名流也用自身形象和生活方式定义了美丽的标准。

但最可怕的不是变老，而是为防止变老，把自己变成另外一个人。不可否认，如果我们外表靓丽，自信心也会随着增加。但**美丽是一门内外兼修的学问，只有选择那些真正适合自己的类型才能使美丽持久。**

美国化妆品行业销售额 2009 年下降 12%，这一数字暗示着后天辅助的化学材质已不能满足人们的爱美需求。那些过于极端的妆容秀无疑是给整容行业打广告，明星名流判若两人的回春对比照片使得消费者对整容术趋之若鹜。

上了年纪后，皮肤的氧化无疑会增加皱纹，胶原蛋白的流失也使皮肤减少了弹性和光泽。整容手术、打玻尿酸不仅昂贵、费时，有时还会改变本来的模样，更不用说其毒性和对健康的影响了。英国超过 30 岁的女性有三分之一的人使用抗老化产品，但是化妆品专家、米尔皮肤护理中心的创始人米尔说："这个世界上没有魔法一样的化妆品能把年龄从面孔上除去，唯一的魔法就是化妆品工业用各式各样的产品说服消费者掩盖年龄的痕迹。"

通常从30岁开始，皮肤逐渐失去弹性，皮肤的各种负面反应开始出现。胶原蛋白的流失让皮肤变得更薄，失去紧致，这些都是皱纹和法令纹出现的信号。新陈代谢变缓慢，让细胞无法获得更多的氧气，这意味着死皮肤细胞堆积在皮肤表面，让皮肤看起来暗淡无光。

这些皮肤变化伴随着女性荷尔蒙的波动，会减少皮脂分泌，让皮肤更加干燥，导致皮肤凹凸不平，疤痕斑点明显。

有些女性能敏感地感受到皮肤的变化，而有些则是突然发现的，不管如何，年龄都会找上我们。

除了年龄这个大敌，身体和心灵的健康同样影响我们的外表，我们需要仔细照顾我们的皮肤和发质。我一般选择天然和有机的产品。

只有找到适合自己形象的方式才能对抗年龄对我们的影响。掌握实用的抗老化工具非常重要，尤其是颜色对皮肤的影响格外重要，颜色能帮你省去那些花在错的服装、不适合的化妆品、整容手术上的银子。

如果找到适合的颜色映衬肤色，会让优雅老去变得简单。当那些对的颜色穿戴上身涂抹到脸上，年龄带来的阴霾会淡淡散去，还会让你更加健康开心。自身状态的调整也会带来自尊自爱，提升女性魅力，提升自信。这一切的变化既天然又经济。

颜色是关键，还是那句话，找到对的颜色至关重要，如果黑色不适合你，只会让你看上去显老。

◗ 为什么黑色决定皮肤的年龄

为什么黑色决定了皮肤的年龄？让我解释给你听。

黑色会让那些暖色系的皮肤看起来更加苍老，因为黑色会让脸上的黑眼圈、法令纹、抬头纹等各种苍老的象征更为突出。如果你是暖色系皮肤，选择黑色要小心，黑色很可能让你看起来显老、面带倦色。因为黑色会吞噬活力，让皮肤显得不健康。黑色也会为暖色系皮肤注入灰色，使其显得格外不和谐，而且还会把脸部的一些缺陷放大。你注意过自己鼻子和嘴巴之间的"小胡子"没？那可是黑色的，有时也会影响外表。

能不能穿黑色，就看你有没有白皙的冷色系皮肤啦，如果你皮肤白皙，那你很幸运，不用操心上面这些黑色魔咒，可以放心穿黑色。

所以黑色的选择要根据自身肤色特点，不仅是黑色，那些深色系如海军蓝也要注意。**如果你是黑色控，可在穿着前，看看这本书，自我检查黑色是让自己增色，还是减分。如果答案是Yes，就请尽情享受黑色魅力。总之，要选择对自己有加分作用的颜色，知道如何回避那些带来负面影响的色彩。**

为衣橱里增添色彩是一件很容易的事情，了解色彩对自己的意义才是最关键的，和谐的色彩可以自然地减去脸上的岁月痕迹。

快告诉你的闺蜜们，大家一起找到穿黑色不仅能变年轻又能苗条有型的办法吧。

🌑 你属于哪个季节的皮肤

找到对的颜色，要从了解皮肤的属性开始。三种颜色决定了皮肤的颜色，茶色皮肤是黑色素居多，偏黄肤色是核黄素占主导，而粉嫩的皮肤则是因为血色素。你的皮肤颜色也许被这些色素之一主导，也许是三个色素一起组合的结果。例如那些有玫瑰色双颊的人就是高血色素的象征。

那你的肤色到底属于什么类型呢？下面会有一个简短的冷色系肤色和暖色系肤色的总结，把这两种肤色分成四个季节，可以让你轻松发现自己的类型。

冷色系肤色

冷色调的人透着粉红、兰青的底色调，这一色调可分为两个季节。夏季色彩的肤色通常比较浅淡，虽然有时呈现淡黑色。这类皮肤通常没有玫瑰色脸颊，肤色白皙最适合柔和的色彩，如浅灰色。

深色包括黑色对夏季肤色的人来说太过强烈，只会对肤色起到反作用。但是冬季肤色的人肤色苍白，皮肤颜色很浅，所以冬季肤色的人是最适合穿黑色的。和夏季肤色相比，她们更加白皙，穿任何深色衣服都不用担心会让自己变老。

暖色系肤色

那些黄色、金色和小麦色的皮肤也被分成两个季节，春季和秋季。**春季肤色的人皮肤偏黄，通常都有血色红润的双颊。春季皮肤的人能适合很多色彩变化**（春季肤色的人常被错误地判定为夏季肤色，但穿上黑色就知道不是冷色系肤质）。这一肤色的人可以染红发，保留皮肤淡淡的斑点，或者是小麦色的皮肤配上金色的头发。

秋季肤色和春季肤色相比更偏橙色，又混着茶色。这类皮肤的人和春季肤色人不同，没有玫瑰色双颊。

暖色肤质的人不论何种发色，都不太适合黑色。黑色穿上身的话，只会让暖色皮肤的人缺点大暴露，皱纹、黑眼圈全现形。这类肤色的人随着年龄的增长，脸上的岁月痕迹会更为明显。

黑色系肤色

非洲、西印度、亚洲、地中海和拉丁地区的女性不少都是黑色系皮肤，她们通常都可身着黑色和使用黑色的眼影，但谁穿上黑色更好看取决于眼睛的颜色和最后的整体感觉。黑色系肤色的人并不属于冷色系，实际上，根据我们的色彩理论，她们归属于暖色系肤质，派特说："暖色系的人最好不要穿着黑色。大多数非洲女性肤色都是暖色，而亚洲女性只有少数是夏季肤色。"

🌓 皮肤属性Q&A

我的肤色会随着年龄而改变吗

岁月流逝，我们的皮肤会退色，其他身体器官的颜色也是如此。但是肤色属性却如基因一样自出生就不会改变。改变的只是我们化妆颜色的深浅，也许年轻时不需要太过强烈和鲜亮的颜色，而年纪大了，颜色就要加深。

很多暖色系熟龄女性常犯的错误是，当头发花白时，脸上妆容和衣服的颜色也随之浅淡。她们没有意识到皮肤属性不会因发色而改变。由此证明，根据发色来推断皮肤属性并不准确。

当我们皮肤晒黑时，衣服颜色要改变吗

夏天时，虽然我们的皮肤会晒黑，但不会改变我们的颜色区间。在变黑的色彩下面还是我们本来的皮肤属性，所以当肤色变黑时，只是在原先适合自己的颜色上加重强度和亮度，如蓝绿色一直都很配小麦色皮肤。

健康状况会影响肤色吗

当身体生病时，我们的皮肤属性也会受到一定程度的影响。那些感冒初愈的人，往往面色苍白惨淡。我的

一位客户因乳腺癌接受化疗后皮肤变得灰白，身体系统的毒素也显示在皮肤上。其实生病时，更要使用适合自己的颜色，因为颜色有治愈作用，能让我们看起来没有那么糟糕。

化妆品能带来多少变化

任何年纪的人都需要化妆品，特别是对 30 岁以上的女性，化妆品可以很好地修饰掩盖皮肤因岁月带来的负面效果。适当的颜色是必要的，关键是要清楚什么颜色适合自己，是加深还是减淡的问题。

当黑眼圈、皱纹和各种纹路爬上脸孔时，恰当颜色的粉底至关重要，且效果惊人。好的底妆能突出五官的优点，恰当颜色的腮红和眼影也可营造出自然和谐的妆容，让我们看起来年轻和健康。

不是只有熟龄女性才从色彩理论上获益，年轻女孩也可了解在化妆时，颜色是否该更黄、更多橙色或是粉色，这些技巧能帮她们避免犯下更大的错误，那些夸张的眼

影也才不会成为青春噩梦。年轻女孩知道正确的颜色对

五官的正面影响越早，越能更早受益。

　　关于冷暖色季节区间本书在自我检测部分有完整的

描述，可以帮助你发现属于自己的颜色。

第四章　黑色的秘密

　　这个章节主要介绍颜色的历史。当然历史只有对我
们有借鉴作用时才有用，为什么人们的衣橱里总是少不
了黑色，而黑色为何伴随着死亡和不幸？为什么颜色分
析如此重要，且这些理论从何而来？颜色真的能影响你
的健康和身体状态吗？这章就是要告诉你这些问题的答
案，让你认识到为什么黑色控如此普遍。这章还会提供
一些关于黑色在时尚历史上的演变、颜色分析和治愈作
用的背景资料。

　　纵观历史，在文化和宗教的范畴，黑色有诸多象征
意义——死亡、葬礼、贫困和力量。我们常效仿那些穿
黑色的时尚先锋的穿法，但是黑色其实和经济环境关系
密切。近两年*因为经济开始萧条，媒体和奢侈品牌开始
把更多的黑色加入时尚设计，黑色伴随的是财务状况紧
张和对未来的不确定性。

　　黑色有黑暗的一面，那些黑色的魔法、女巫的帽子

────────────

＊本书写作于2010年。

和黑色的夜晚。从什么时候开始，黑色可以穿越千年一直保持时尚性呢？有时，在潜意识里，黑色影响着我们的感觉。

◐ 时尚性

早在 15 世纪，黑色在基督教的教会里成为葬礼的颜色。教士们的服装作为宗教的象征，不仅有驯服的罗马式领子，在腰部系有腰带，还有通体的黑色洋溢着清教徒的禁欲色彩。对于牧师来说，黑色不仅代表着葬礼，还象征着死亡、复活、对领主效忠，也象征着王权。

教会曾对服装有着一套清规戒律，牧师穿着的法衣必须保持确定的长度，随着时代的变迁，教会的着装要求逐渐简化，黑色仅仅成为信仰和服务教会的象征，如今牧师和修女依然身穿黑色服装。

在 15 世纪和 16 世纪期间，黑色也是权力和地位的象征，那时的权贵包括君主、法官和大臣一起带动了黑色潮流。在 17世纪，繁荣昌盛的荷兰权贵也身穿黑色。那时，因染色料的缺乏，只有有钱人才能穿得起黑色服装，黑色也因此失去其一贯低调谦卑的形象。

在 19世纪，浪漫的诗人和有地位的男性衣着华丽，成为完美男性的形象代表，因此，黑色成为男性脱颖而出的专属颜色。黑色逐渐成为商人普遍穿着的颜色，他们想借此体现其稳定和殷实的经济能力。在那个时代，公务员、教师、法官、医师都身着黑色。

在 19 世纪，黑色还成为死亡的颜色。维多利亚女王的丈夫阿尔伯特王子逝世时，对她简直是毁灭性的打击。她穿上黑色以提醒自己的不幸，并为其他寡妇做表率，黑色因此成为深沉的悲伤和不幸的代表。在第一次世界大战期间，黑色再次成为流行色。

19世纪末期，黑色贯穿晚礼服的每一部分，男人们正规的装束包括黑色外套、裤子、领结、勋带和腰带，而女性则偏好长款的飘逸裙子。法国设计师可可·香奈儿引发了 20 年代和 30 年代的高级女士时装革命，推出利落又时髦的黑色宽松直筒连衣裙。1961年，奥黛丽·赫本在电影《蒂梵尼的早餐》身着的小黑裙成为时尚经典，至今依然受到不少女性追捧。

温莎公爵沃利斯·辛普森拥有好几条小黑裙，她说："当小黑裙上身，其他一切都显得多余。"

当黑白电视普及，好莱坞女星们开始穿着黑色，这一切要感谢克里斯汀·迪奥赋予小黑裙一种危险又戏剧性的气质。现在名流们走红毯或者上电视节目时依然喜欢穿着优雅的黑色服装。

1960年，美国兴起朋克文化，这股风潮 10 年后又传到英国。朋克的着装要素包括撕破的黑色布条，装饰用的别针、纽扣和链子。这样装扮的目的是彰显反叛的形象，同时也希望用反社会的行为让大众吃惊。

在黑色时尚的背后往往隐藏着特殊意味，黑色具有深刻的心理暗示意义，这种颜色能够提供一个心理边界和保护。黑色常常在反政治示威游行时被示威者穿着，不仅显示其具有无政府的意思，也起着为穿着的人提供保护的心理暗示。

黑色也是政府当权者的象征，警察、教堂和法律系统的工作人员都穿着黑色。律师、法官、警察穿着黑色对自身也有保护暗示。

下面我们回到黑色对年龄和外表的影响，看看黑色如何影响我们当代的文化和宗教的。

TIPS:颜色分析

个人颜色分析越来越多地为人所了解。颜色对人们有着生理和心理的多重影响，影响着我们的健康、容貌和自信。理解颜色和这些关系，能更好地反映我们的气质。通过颜色方面的知识能获得最佳颜色效果，感受不可思议的价值。

这一切都从哪里来

　　伟大的哲学家亚里士多德在 2000 年前就创立了颜色基础理论。他认为黑白是两个基础色——深色和浅色，所有的颜色都是来自四个元素——空气、水、土和火。他相信如果凝视黑暗或夜空，蓝色是第一个出现的颜色，同样地，如果望向太阳，黄色是第一个出现的颜色。因此，他认为继黑色和白色之后，主要颜色是蓝色和黄色。

　　英国科学家牛顿发现光线中包含了色谱所有的颜色。他用三棱柱照射日光，不同的角度和波长可呈现如彩虹般的不同颜色。牛顿的颜色理论基于物体本身不能发光，因为它们只是反射光。在 1810 年，德国哲学家歌德出版了《颜色论》一书，他殚精竭虑地研究颜色，但是他并没有将其理论关联衣服颜色对脸色的影响。历史上第一位色彩咨询专家是法国人谢弗勒尔，他发明了色彩连续对比理论，作为知名的织锦公司的负责人，他注意到注视单一颜色时和注视连续颜色时会产生不同的效果。这促使他发现眼睛注视某种强烈的颜色后，会出现另外一种相反色相的颜色，如我们注视红色时，眼睛会出现绿色，现在我们称这种现象为补色。

谢弗勒尔把他的发现著作成书，这本书名是《颜色对比理论》。在书中，他用一章的篇幅阐述了服装颜色对脸色的影响，包括发色对皮肤颜色的影响。

包豪斯学校建立于 1919 年，很多有影响力的艺术家都毕业于那里。其中一位是瑞士表现主义画家约翰·伊顿，他当时教授绘画，他注意到当他的学生在做完全相同的研究时，有些人倾向于使用暖色来搭配自身暖色的外貌，而有些冷色外表的人则喜欢使用冷色。这让他了解到人们喜欢使用让其感到舒服的颜色。

美国人罗伯特·多尔在 1938 年创建了颜色属性理论，将颜色分为暖色和冷色，这成为个性色彩分析的开端。他建议人们选择喜好的颜色，然后将选择做成一个颜色区间，这些颜色彼此和谐，也很适应个人肤色。他将夏季和冬季的冷色系定为1号，春季和秋季的暖色定为2号。这一理论在1940年被广泛运用，对服装设计色彩影响深远。

什么是颜色

人类用右脑的直觉处理色彩，而左脑则偏向男性和智力部分。这意味着如果想了解颜色如何影响人类，必须将负责智力的左脑和偏女性直觉的右脑相结合。通过个人的体验也能了解颜色的知识。因为感情情绪的变化，人们需要每天更换不同的色彩来保证健康的平衡。

眼睛通过光线看到颜色，再反射到视网膜将这些光波转换成脑电波神经，刺激大脑的下丘脑部位，因此影响荷尔蒙系统，这也是为什么在冬天和长期笼罩在黑暗中的国家抑郁症人群比例偏高的原因。人体需要光线，不同的颜色波长在眼睛的不断调整中被接收。红色是波长最长的颜色，因此需要最多的调整，而绿色根本不需要调整就可接受。

每个人对颜色都有不同的感觉，因此颜色对每个人都是很主观的。讨厌绿色的女孩可能是因为这是学校制服的颜色，讨厌穿制服最后变成讨厌穿绿色。每个人对颜色的反应完全依靠个性和所处环境。

颜色遍地可见，因为每样东西都有色彩。在自然界，颜色是丰富多彩的，且伴随我们一年四季。

在春天，颜色是清楚而明亮的，自然界中，黄色的底色上点缀着新萌生的绿茵。太阳照耀大地，用温暖和光亮的阳光折射着色彩。鲜花和植物变得生机勃勃，红色郁金香和黄色水仙花都在春光中绽放。

夏季色彩因为阳光变得朦胧，色彩在蓝色的底色下变得柔和，四处可见淡蓝色和淡粉色，玫瑰花和熏衣草尽情开放。

秋天丰富了自然的色彩，金色融合多种色彩，橘色、深黄色配合棕色、橄榄绿、水鸭蓝、铁锈色等，将自然点缀得格外美丽和梦幻。

冬季颜色变得清亮透彻，在蓝色的底色下，自然的背景色变为黑色和白色，这是冬眠和休息的季节。

所以，颜色心理学关系到个性和四季变化，那些环绕你周围的颜色会影响你的个性和正面能量的摄取，为人们带来愉悦和平衡的感受。选择适合自己的颜色不仅能提升时尚感，还能让所处的环境和四周更为舒适。

色轮

当看到本书末尾提供的色轮时，你会发现颜色被分成冷暖色系，从黄色到暖色紫红再到至暖色的橘红，再从黄绿到冷色紫色再到至冷色青绿色。春秋的颜色归属为暖色，夏冬则是冷色系。

绿色因为综合了冷色蓝色和暖色黄色成为一种很灵活的颜色。当你加入黑色，它就成为冷色系，加入白色则是夏季色。如果加入更多的黄，则起到明亮的效果，成为春季的暖色，加入红色则成为秋季的绿色。

在所有的肤色中，青绿色是最灵活的颜色，只要加入任何一点色彩都能改变它，适合任何一种肤色。暖色皮肤转向为青色，冷色肤色变为浅绿色。如果想让皮肤的小麦色效果更为明显，青绿色也是最佳选择。

红基色贯穿春季和冬季，加入更多黄色则更暖，加入蓝色则更冷。

光谱代表彩虹中所有的颜色，红、橙、黄、绿、青、蓝、紫。**色调**则是光谱中的颜色，它将每种色彩和其他颜色区分开来，红、黄、蓝**三原色**是基本色。所有的颜色都是从这三种色调中演变出来的。

色彩和阴影是一种颜色加入白色形成浅色，加入黑色则成阴影。**中间色**是将两种原色按不对等的比例混合，如黄橙、蓝绿，**互补色**又称对比色，将两种相反的颜色混合，如红绿、蓝橙。

颜色治愈作用

颜色以不同的方式影响我们的生活，正面的颜色有治愈身心的作用。人们也可借助服装的颜色表达自己，也是一种和别人沟通的有效手段。黑、灰、棕不属于治愈色范畴，因为它们都过于浓烈和沉重，因此不适合做治愈色使用。

哥斯达黎加学派早在公元 500 年前就知晓能量和光的治愈力量。他们将这种治愈的能量称为"Mumia"。17 世纪的比利时炼金术士化学家海尔蒙特认为这种纯正的能量可渗透和支持每样物质包括人体自身，他声称在 Mumia 中可找到磁性的治愈作用。

在古埃及的寺庙里，有一种特殊的治疗室，阳光可直射其中，折射出光谱。病人被放置在治疗室内，让身体沉浸在对应其病症的颜色中。早期的希腊人也是使用类似的方法将病人置身在阳光下治疗。

在古印度，矿石和不同颜色的宝石被用于治病。颜

色治愈法在 11 世纪由波斯医师阿维森纳复兴，他的笔
记中写到红色可增加血压，蓝色则有降低血压的作用。
俄罗斯科学家克拉科夫则发展了阿维森纳的颜色治愈
理论。

后代的科学家持续发展了光环的作用，18世纪，一
位德国数学家雷波瑞兹相信每个人都是互相联系的能量
体，1800年，德国科学家莱辛巴赫经过试验证明有些人
对周遭看到的颜色很敏感。

1900年初，尼尔斯·芬森因光辐射治疗疾病理论
获得诺贝尔奖后，光线治疗法开始为人们所关注。从此，
医疗科学发现光线可治愈皮肤疾病、烧伤和创伤。

1908年，科尔纳医生通过彩色屏幕观察发现患者
带有光环（电磁场能量），并且能够描述内部光环紧随身
体轮廓，外部光环则呈长形和卵圆形。他的发现为颜色
理论带来突破性进展，现在我们大多数只需要改变眼睛
的注视焦点就可以看到光环。

近代在能量摄影上最大的突破性发现来自基尔良。他在 1939 年偶然记录了物体周围高压电电晕放电的过程，人们所看到的光线是由于空气和一部分被拍摄物体被电离所造成的，电离的空气放射出强烈的热能、紫外辐射和可见光。他多次通过实验去证实其理论。

1980年初，生物学家和科学家欧菲德发现病灶在人体内有其能量，随后采用一种方法治愈这种体内能量的不平衡，这种方法叫做电解水晶治疗法。

利用微芯片科技，欧菲德研发出一个扫描仪，叫做多层反差干扰摄影，可反映能量的移动影像。随后，他发明了一个电脑项目，通过扫描人体来分析不同光线的强度。这个方法可对能量失衡提供一个简单又准确的评估，通过训练眼睛对不同光线的反应达到治愈作用。

下面是欧菲德所描述的黑色：

"黑色不算是一个真正的颜色，它是没有光的黑暗状态。当光线消失，没有任何光照耀一个物体表面时，它就呈现出黑色。在我们的多层反差干扰摄影现实系统中，根据对一些透视的调查发现，在光线缺失的区域，黑色被填充进去，有时也显示出生命能量的缺乏。这也是大脑在遭遇沮丧时，黑色区域存在的证据。"

能量和颜色治疗法

世界上每样事物都充满能量，包括人类、动物、植物和所有的生命体。俄罗斯治疗家艾拉·丝芙瑞珂雅在她的《能量秘密》一书中说："健康需要健康的能量，如果能量健康，不仅身体健康，生活也充满正面气场。通过理解适应东方哲学的一些信条能帮助我们理解生命能量的法则。

这些能量保护着人体的平衡，一旦失去平衡感，人体的感性和身体就会有明显的反应。通过身心平衡的调整，可以恢复身体的健康，体内的能量颜色也能得到复活。

因此，人体的能量颜色和亮度反映出人的健康状况。

身体康健时，会由内而外地散发出光彩，沮丧和生病时，则会黯淡无光。当人遭受疾病、困苦和不幸这些负面情绪时，人体的光泽也会蒙尘，失去光彩。

人们有时如果身着身体能量颜色的服装，这种颜色会和谐整个气场，相反则会有不和谐的感觉，也会破坏自身的形象。因为人们需要找到和自己气场能量相关的颜色来起到治愈作用。颜色影响我们整个的能量场，如果选对颜色，即使衣服脱下来，那种正面的能量也会在人体上持续。如果穿太多的黑色太久，则会吞噬你的能量。

你会好奇为什么今天穿的颜色和昨天那个颜色会有不同的效果。人们或许是因为感性因素或是具体的理由被某种颜色的衣服所吸引，对的颜色会给人们带来心理上的愉悦，帮助人们释放快乐的内啡肽，增强免疫系统的运作。

斯坦得是一位颜色治疗师，她如此解释颜色治愈和黑色的关系："颜色治愈融合了古代和现代的科技，通过吸收某种颜色来治愈身体的小病。我们的电磁场或是光环会提供一个小档案来显示我们身心健康还是有某种疾病。颜色可以被运用于身体，在疾病成为实质性病变前，帮助治愈这些疾病征兆。"

她说："人类的眼睛看到的颜色中，只使用了25%，另外75%被身体吸收来提升免疫系统和改善神经系统。在颜色治愈学中，黑色用处有限，我从不单纯使用黑色，且很少用其作为治疗的颜色。"

作为个体需要被量身定制的颜色治愈。颜色作为治疗手段得到广泛应用，不止如此，通过简单的晒太阳或置身于大自然就能带来愉悦感，有时仅仅是看到一朵美丽的花朵也会有醒神的感觉。

最好的办法当然是找到对的颜色每日为自己带来正面影响，不仅能身心愉快，还会让人们更了解自己，每一天积极快乐地生活。

每个人都有能力改变自己的生活，特别是在一些艰难的时刻，颜色最能安抚心灵，鼓励斗志。颜色以光为载体被眼睛和皮肤吸收，体内的光环也可以在颜色摄取中不断修护身体和精神系统。

还是那句话，发现对的颜色能改变你的生活。

第五章　你有穿黑色的气质吗

这个章节会帮助你发现自我，理解自己的肤色气质和对应的颜色。下面会有一个问卷调查，你只需要诚实写下答案。不要在意别人怎么看你或者对自己有何期待，只需要仔细阅读问题，也许你会发现一个不同于以往的答案。诚实是唯一的准则，最终你会找到真正的自己，带领你发现适合的颜色。

◐ 你的个性是什么

本章个性调查问卷的设计目的是帮助人们了解自己皮肤所属的季节。皮肤的四季色有着不同的特点。人们天生的眼睛颜色和肤色都有其独特的一面。问卷想帮助你客观地看待自己的行为方式，也许它们是对的或者错的，或者仅仅是你的感觉。如果有些问题难以回答，可以询问那些对你很熟悉的朋友，这些问题会呈现更为准确的结果。如果答案是"有时"，那可以在计算分数时加入半分。如果有多重分数，可以选择最高分。

生命中的艰难时光会影响一个人的个性，低沉会导致忧郁，这是为逃避当下的困难。宗教和文化背景也会影响你的分数。

那些离婚和丧偶的年长女性因为失去自信和生命的热情，常常会对那些关于是否冷静的问题回答"Yes"。这样的答案不意味着她们天生对生活缺乏激情，而是生活的变迁让她们远离了真实的自己。

如果你的个性是矛盾综合体，如冷静、易怒，或是忧郁、乐观，这或许说明你不是真正了解自己的情感，这对你也是有用的信息。

通过回答这些问题，可以进一步了解自己的健康和气质，这些都和个人能量相关。如果属于易怒又忧郁的类型，那表明感情很容易波动；冷漠和乐观的人则更容易控制他们的情绪。

温暖外向的气质趋向于开朗的色彩，内向的气质则偏向安静的颜色。完全可以把这个问卷当做了解自己的

气质、对应颜色的钥匙。说实话，只有忧郁气质的人才

真正适合黑色，他们的内向和不快乐的气质让他们和他

人之间带有一层隔阂。

不管黑色是否适合你，都请享受地发现自己吧。

◗ 个性问卷

问卷一

1. 人们是否常向你吐露秘密，但很少倾听你的烦恼？

2. 你是否说话软声细语，所以常被要求重复讲一次？

3. 为了避免冲突，你常不能诚实面对自己的真实感受？

4. 在一群人聚会时，你是否只能扮演观看和聆听的

角色而很少积极加入？

5. 你善于理财吗？

6. 你是否不喜欢别人将你纳入他们的计划？

7. 当别人向你倾诉秘密时，你是否很难守口如瓶？

8. 你是否喜欢那些需要耐心和注重细节的工作？

9.（女性）每天你都会花心思打扮化妆？

（男性）你是否每日都花时间在外表上？

10. 你是否很难精力充沛地投入新工作或新项目？

问卷二

1. 平常日子你是偏好外出还是大部分时间都宅在家里？

2. 你在公司是否是一个话多的人？

3. 你是否交友广泛，还是只固定和某一个人做朋友？

4. 你是否容易脸红或常会情绪波动？

5. 你是否常对突发事件妙语连珠？

6. 你是一个生性乐观的人么？

7. 你是否喜欢亮丽的颜色？

8. 你是否精力充沛而导致包揽太多事而疲于奔命？

9. 人们认为你是一个比实际年龄更年轻的人吗？

10. 你是喜欢季节变化的人吗？

问卷三

1. 你是否常内省自心而有修正错误的想法?

2. 当别人和你持不同观点时,你是否能发现对方被激怒?

3. 当别人对你提出新意见时,你是否第一反应是负面的?

4. 家庭成员以外的人是否常指责你是一个固执的人?

5. 为了让事情顺利完成,你是否经常重新安排他人的任务?

6. 你是否做事很有效率?

7. 如果一个项目没有按计划行事,你也很难放弃?

8. 你是否常情绪亢奋,以至于难以安静放松?

9. 别人是否常会曲解或误会你的本意?

10. 你遇事是否难以保持冷静?

问卷四

1. 别人是否认为你难以接近?

2. 你是否觉得别人注意你比注意别人多?

3. 你是否很在意别人怎么看你?

4. 你是否厌恶隐私被侵犯?

5. 你是否总是很被动等别人来联系你，而不是主动出击?

6. 你是否很容易道歉，即使错不在你?

7. 在朋友来拜访你，开门前你是否会检查自己的发型和衣着?

8. 你是否会为了一点小事就辞职?

9. 即使出于同情，你也会坚持让别人依赖于你?

10. 你是否偏好那些无需和别人打交道的工作?

在哪个问卷回答"Yes"最多?

问卷一 _____   问卷二 _____

问卷三 _____   问卷四 _____

个性问卷调查的结果：

如果在问卷一，你的 Yes 答案最多，那说明你是一个冷静的人，多数属于夏季。

冷静的个性

这类性格最关键的特点是内在缺乏激情，这类人常会发现自己做同样的工作却要比别人更努力才行。特别是，即使一件不算难的项目，他们也会觉得困难，花费更多的时间。例如决定一件很简单的事情也是比别人慢半拍。

因为驱使这个类型的是力量而不是能量，你多少有些随波逐流，虽然有自己的计划，但总是提不起精神，因为没有能量的驱使。你总是很安静，少言寡语，人们很少注意你，你即使发表意见，别人也会要求你再重复一遍。在集体活动时，比起参与你更喜欢冷眼旁观。

你很擅长外交和修补人际关系，你很善解人意，很少与他人有冲突。你是很好的聆听者，大家都喜欢找你倾诉烦恼。当别人发生冲突时，你是最好的和事佬，能把大事化小，小事化了。

你是和平主义者，即使为此说一些善意的谎言也不在乎。事实上，你很少告诉别人你真正的想法，这点和精力旺盛型人正好相反，他们可是麻烦的制造者。

冷静型人格通常性格很稳定，接受一项任务时，比别人更有耐心，不厌其烦地去完成。你平时的爱好也多为需要耐心和体力的游戏。

不少手工艺人属于冷静型人格。当他们接受一件任务时，比他人要花费更多的时间去完成，这出他们事事求好的心态和缺乏内在激情所致。

那些需要慢工出细活的工作很适合这类人，他们会本分地做好自己的工作，不期望在人群中脱颖而出。

这类人格还隐藏着不喜欢变化的固执个性，也可把这看做一种稳定性。如果工作在最后一刻发生变故，他们往往会措手不及。对别人那些与己利益无关的计

划，他很难拒绝。不过那些人最后才发现他在做自己
不想做的事，因为他在计划设定初期并没有表示任何
反对意见。不过幸运的是，他大多时候都是一个很好
相处的人。

这类人用钱谨慎，讨厌不必要的浪费，虽然他对自
己很吝啬，但对喜欢的人却出手大方。这类型人常不注
重外表，总觉得没有时间化妆或为悦己者买漂亮新衣服，
虽然接触下来，能发现他们既温和又可爱，但是因为不
想引人注意的性格，常被人忽略存在。

这类型的人具备的正面特质是：善于倾听、说话温
和有礼、善解人意、动手能力强、充满想象力、好相处、
整洁、实际。

负面特质是：接受新事物慢、不善交际、过于注重
细节、工作效率低。

如果在问卷二中Yes答案居多，那你属于乐观类型，通

常归为春季类别。

乐观型个性

这类个性的人通常开朗外向，善于和人相处。他们喜欢享受生活，愿意和人相处。他们天性乐观灵活，相信船到桥头自然直。大多时候他们都乐于为他人着想，不过有时也需要多考虑自己。

这类个性的人能量等级充满变化性，完全是兴之所至，因此他们也喜欢充满变化和挑战的生活。

也有一些乐观型的人能量等级很高，导致他们成为工作狂，趋向暴躁性格，只是易怒指数偏低。乐观性格人的称呼来自希腊语"血液"，这类人都有鲜润的脸颊，这一发现要归功于希波克拉底，是他将名字赋予这类人。特别是在饮酒后，这类人脸部毛细血管破裂让脸颊泛红，这样其实可帮助稀释酒精。如果你是这类人要避免辛辣的食物和高温，即使现在没有类似症状，未来也要小心。

这类人新陈代谢很快，比一般人更容易从疾病中恢复。在视力方面也异于常人，一些虹膜专家曾认为春季性格人的眼睛是先锋眼，能看到比别人更远的事物。这类人比其他类型的人显年轻，即使年纪增长也能保持年轻心态。但是如果抽烟或患有一些疾病也会损害天生的优秀特质。

这类人因为心态年轻，常对新鲜事物充满热情，积极拓展知识面，可说是见多识广。他们交友广泛，覆盖各个年龄层，且善于和那些与自己不同的人相处。但是有一些人却不欣赏这类人年轻的心，认为他们很幼稚。像孩童一样充满好奇和快乐的态度让他们的生活过得充满趣味。

因为乐观积极的个性他们常常超负荷工作，学会控制这种旺盛的精力是有必要的，且要学会在适当时候说不。天生的沟通技巧和开朗性格让他们在工作中有良好的表现，尤其是适合在教育和销售领域工作。这类人适合的颜色很多元。

这类型的人具备的正面特质是：好奇心、时常微笑、友善、幽默、聪明、乐观、善于交谈、精力充沛、有同情心。

负面特质是：说话不经大脑、不稳定、无计划性、话多、太过能者多劳。

如果你在问卷三 Yes答案居多，你则属于精力旺盛型人格，这类人被称作秋季类型。

精力旺盛型个性

这个类型的人具有强烈的个性，精力过度旺盛，有时被人称作工作狂。和大多数人不同，这个类型的能量等级一直维持在很高的状态，所以很难放松下来。就好似一艘快艇，有无穷的精力做燃料一直前行。

他们很擅长安排家庭和工作，但是对那些和自己想法不同的人缺乏耐心。因为他们喜欢做事有效率，不愿意浪费时间去分析状况外的东西。

他们常被描述为自我激励者，这个性格在商业领域尤其普遍。他们对自己的想法非常有自信，所以常会一口拒绝别人的想法和建议，虽然事后可能会自我检讨。

这类人很坦率，人们通常很了解他们，但是当人们不能理解他们的想法时，就会引起问题。他们能很好地处理问题，使用的方法也很简单有效。他们是忠诚又值得信赖的朋友。

当遭遇困难时，他们会固执己见一心要坚持到底，虽然事后细想起来可能早就会明智放弃。拥有这类个性的人其实很有趣，他们喜欢赌上全副身家去赢得机会，他们痛恨不公。

不少政界人士都具备这样的特质，有的是先天具有，有的是后天形成，这类性格能帮助他们在公众事业中获得成功。

这类性格的人不安于平淡的生活，他们比较喜欢戏剧化的生活。他们搬家或出国的次数比其他人多，感情关系也较为复杂。

他们很难去放松自己，因此萌生健康隐患，产生各种疾病，不过这类人行动力超强，一旦发现身体不适就积极去解决问题。他们属于Ａ类性格＊，很少接受家人和医生的意见，即使人家比他更了解情况。谦逊地聆听意见会对他们有所助益。

这类型的人具备的正面特质是：有决断力、精力旺盛、努力工作、忠诚、自我约束力强、自信、有计划性、组织能力强、能很好地完成工作。

负面特性是：易怒、不善于听取意见、易伤害他人感情、固执。

如果你在问卷四获得最多 Yes 答案，那你属于忧郁类型，也是冬季类型。

★Ａ类性格，一般定义为：对人常怀有敌意、好斗、急躁、缺乏耐心等。

忧郁型个性

这个类型的人比较复杂，是天生的完美主义者，所以总是希望事事符合自己的标准。当工作和友谊没有按照他们的标准发展，他们就很容易变得沮丧失落。

因为天生的拒人千里之外和容易受挫，这类人很难交到朋友，常等着别人来找他。但是，一旦他们接受某一个人，就会变得格外忠实和值得信赖，甚至可以为朋友做出牺牲。但需要对方走出第一步，才能建立友谊。

他们的人生常自设障碍，不愿意过多尝试，即使和别人成为朋友，也是由对方掌握主动。在公司里，他们多数比较自我，对周围人的注视感到不习惯，在心情不好时，他们会变得比较爱挑剔。他们其实很希望别人能了解自己，或者对自己有好的印象，所以无论男女都很注重仪表。

他们内心清楚自己是很特殊的人，具有很多才华，但是他们趋向于自怨自艾，需要别人的鼓励才能有自信。不幸的是，因为他们很内向，很难理解那些性格外向的人的行为，因此常常受伤，或者被忽略。

忧郁类型人虽然擅长自省分析，但很少意识到天性导致了挫败感。他们归咎于日常工作太忙碌，外向的人没时间注意他们的情绪，他们应该把内心世界展现出来，不要总待在自己的小宇宙里。

这类性格的人如果从事艺术类工作，会激发他们最深沉的情感，如绘画、音乐、演艺和诗歌。他们会成为出色的艺术家，也有能力去分析整合，当需要独处时，会更有创作灵感。但是他们的个性意味着常把标准定得过高，当不能完美实现时就会很沮丧，自怨自艾。

他们是如此内省的一群人，应该知道问题的所在，但是有时会相信经验，以为自己是对的，所以多走出内心去外面寻找答案吧。这种忧郁类型的人在选择服装和言谈时都趋向安全。

这类型的人具备的正面特质是：天然的平和、忠诚、善于倾听、敏感、有创造性、完美主义者、善于分析、有信念、自我牺牲。

负面特质：以自我为中心、杞人忧天、缺乏自信、忽略朋友、被动、悲观。

第六章　你有穿黑色的基因吗

你已了解了你所属的性格类别，现在让我们看看遗传基因如何影响着装颜色的选择。这章会一步步引导你学会如何做自我分析。**通过眼睛的颜色和适合脸部肤色的颜色，你会发现适合自己气质的颜色。**在寻找对的颜色的过程中，你会逐步发现黑色是否包含在你的颜色区域内。

◑ 眼睛的秘密

理解眼睛的秘密能帮助你明白自己的皮肤属于冷色还是暖色系。很少有人仔细观察眼睛的颜色，也许你只是单纯认为自己是蓝眼睛或黑眼睛，但有时蓝眼睛看起来是绿色，黑眼睛有时则是棕色。当更近地观察眼睛时，也许会呈现黄色也说不定。所以，**眼睛的颜色是决定肤色冷暖的关键，要仔细观察自己眼睛的真正颜色哦。**

首先，站在亮堂的镜子前或手持一面小镜子到窗前，在自然光线下观察自己的眼睛。如果有困难，可以拿放大镜或叫朋友帮忙查看。如果你常查看自己的眼睛，你会发现两个眼睛其实有所不同，但又彼此配合默契。

仔细观看你的眼睛，会发现：

1. 虹膜周围是白色；

2. 有颜色的虹膜；

3. 黑色的瞳孔。

仔细观察有颜色的虹膜是最重要的。观察瞳孔周围，你会发现眼睛的颜色不是一成不变的。例如，当阳光突现，瞳孔放大时，虹膜中心瓣体就会变得像车轮的轮辐一样。仔细观察虹膜和虹膜的形状，这样能帮助你了解眼睛的形状。

虹膜的纤维结构

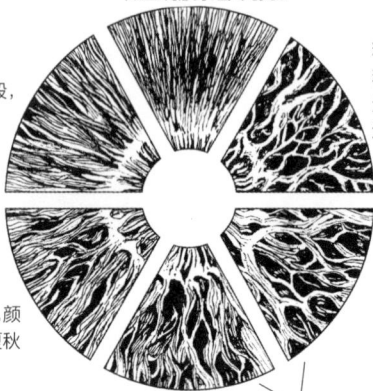

丝状
如丝绸般紧密、光亮。

丝麻状
密度如棉布般，
广度一般。

粗麻布状
粗麻布般疏松
无光泽的纤维，
适合夏秋风格。

亚麻布状
密度如麻布般，颜
色较暗，属于夏秋
风格。

网状
很松的密度，颜色较
暗，适合秋冬风格。

虹膜的特质

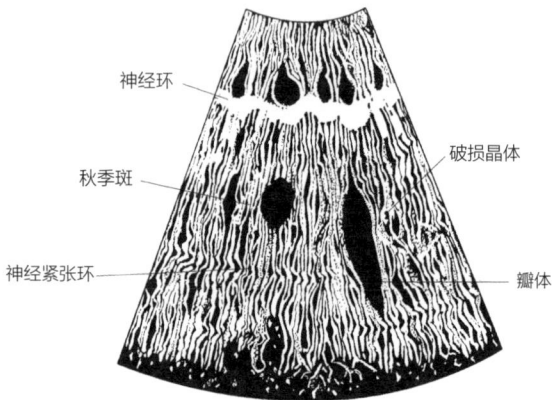

神经环

秋季斑

神经紧张环

破损晶体

瓣体

⬤ 眼睛的形状也显示出健康、气质和皮肤特质

没有图片很难真正让读者了解眼睛的神秘世界。下面的图片会指出眼睛的不同，但依然还是需要请教虹膜专家或颜色分析师判定才能获得准确答案。

眼睛只有两个基本类型：蓝色和纯正棕色。人们在注视虹膜时，常常无法分辨出不同的形体和颜色。一些人的眼睛的虹膜是蓝色的纤维，就像图案1—4显示的一样，但是很多虹膜阴影呈现出灰色、绿色、金色和棕色等多个色彩，有可能还有黑色。

虹膜形状关系到人体的健康状况，虹膜专家往往会向病人解释其原理。虹膜也会随着身体状况而改变。有些人的虹膜是纯正的棕色，无纤维类型，这可保护棕色眼睛避免紫外线的伤害，请看图案 5—7，这个类型集中在中国人身上。

● 蓝色的眼睛

图案 1，这个图案类型很常见，虽然一些虹膜学专家认为这个类型不存在，因为这个类型的健康状况良好，拥有这个类型的人很少需要去看医生。

这种蓝色眼睛瞳孔的神经环和纤维延展到边缘，有时直线形的有点轻微弯曲。这个类型的眼睛多为蓝色；也有发灰白色的；或是斯堪的纳维亚国家人那种很深邃，在纤维部分有金色，形成绿色的区域；或者是在虹膜部分有白色，请参考虹膜形状的丝状和丝麻状图释。

图案 2，这个图案类型的眼睛有冷静特质。纤维呈现紊乱和杂乱状，我们称之为瓣状。通常这些纤维是可见的，但是深邃的瓣状穿过黑色部分呈现出忧郁类型的特质。

这图案类型的眼睛是蓝色，但是很难去判定是冷静类型还是精力旺盛型，经过整体分析后才能知道。请参考虹膜形状的亚麻状。

图案3，如用颜色来划分，这个图案类型的蓝色属于精力旺盛型，很多颜色来自神经环且接近底部。这个类型也呈现蓝色过渡到棕色的趋势，虽然受旺盛精力的次生影响可能会出现在其他蓝色眼睛中。如果整体颜色是棕色，则很难和真正的棕色眼睛区分。必须仔细观察眼部纤维的形状，请查看粗麻布状的图形。

图案 4，属于忧郁类型，通过神经环朝向虹膜的边缘，这个类型显示轮辐在瞳孔开始发射。也有因密度很松没有轮辐的。其实，基本蓝色眼睛的类型中很难完美地区分。可以观察自己的眼睛和家人朋友的以区分对照，杂志中的照片也能帮助你理解不同的眼睛图案。

◗ 真正棕色的眼睛

这个类型的眼睛没有轮辐，但是在神经环至虹膜边缘的区域呈现光滑、天鹅绒的表面。它呈现轻微的波浪形，且从金黄棕一层层过渡到完全黑色。

图案 5，这个图案多呈现在乐观类型上，神经环紧

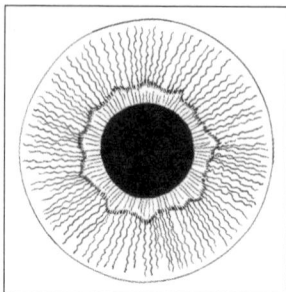

图案1

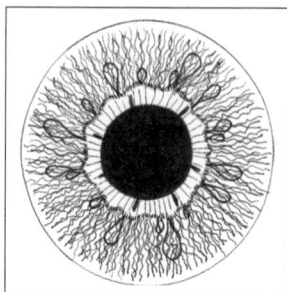

图案2

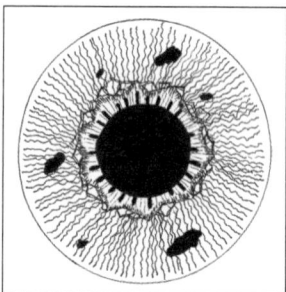

图案3

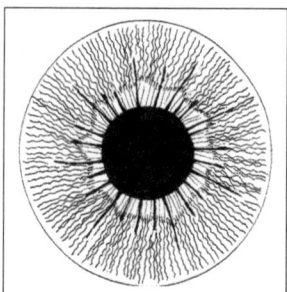

图案4

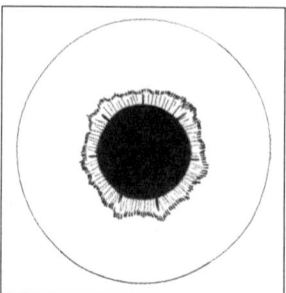

图案5

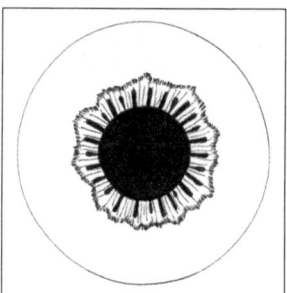

图案6

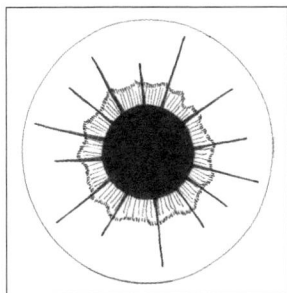

图案7

密地接近瞳孔。

　　图案6，和类型5有些近似，是属于精力旺盛的类型，神经环更远离虹膜边缘。

　　图案7，属于忧郁类型的眼睛，神经环从瞳孔到虹膜边缘有更为戏剧性变化的轮辐发散。

　　虽然我们偶然会遇到拥有纯正棕色眼睛的人是属于冷静型，但是他们很少适合冷色系。

　　尽管中国医学知识博大精深，但是却很少涉及虹膜学，所以对真正棕色的眼睛没有更充分的资料用来参考。

夏季眼睛的图案

最特别的夏季眼睛图案是因为裂纹晶体的影响，白色的纤维呈现互相编织状，且很难接近神经元到边缘的纤维。整个虹膜呈现破损状，以小细线的形状发射。健康的夏季眼睛可能就像是水中的波纹一样。

如果你有夏季的眼睛，那黑色则是不适合你的颜色。

春季眼睛的图案

春季眼睛有两个主要分类。

蓝色眼睛基本图案

传统的春季图案是直线且很整洁，就像是梳理得很顺的头发，呈现紧密的纤维图案。

另外一种蓝色春季眼睛是"金色"的，就好像阳光环绕着瞳孔发散一样。金色环绕着蓝色的眼睛，形成蓝绿色的感觉。即使小范围的金色或者黄色也显示出黄色皮肤的气质。

棕色眼睛基本图案

纯正的春天棕色眼睛有着光滑如天鹅绒般的外观，在神经环内部，纤维组织也很紧密。

但是，要注意，如果在棕色眼睛穿过黑色的纤维组织出现疏松状况，那可能则是秋季肤色而不是春季。如果你的眼睛属于春季，那黑色也不是你的颜色。

秋季眼睛的图案

最能辨别秋季眼睛的方法，是观察绿色或棕色眼睛内部瓣状是否深邃疏松。通常在瞳孔周围呈现淡淡的发射状、神经环和被称作阿兹台克线条的图案，就像是很多点状的星星，从黑色的瞳孔发散出金色、橙色或黑棕色图案。

如果眼睛清澈，但是在虹膜部分有黄色、金色或者棕色斑点，则是秋季图案的特点，同样如果属于这一类型，黑色也不是适合的颜色。

冬季眼睛的图案

冬季眼睛有两种图案，首先是冬季隐窝，因为虹膜构造呈现深深的黑洞，所以眼睛看起来非常黑。但是第二种图案，也是最常见的呈现车轮轮辐的形状，在眼睛的瞳孔处环绕，整体或部分地发散在边界。如果不是这样的图案则不属于纯正的冬季眼睛。

如果你的眼睛属于冬季，仔细观察你眼睛的轮辐，呈现直线、紧密的发散形状。一半的轮辐形状则不算冬季。**拥有冬季眼睛的人，可以常年穿着黑色。**

颜色悬挂法

最重要的测验，检验你是否能穿黑色！

你需要

一面足够大的半身镜子，置身在自然光中，如要使用室内光源，最好使用荧光灯。

选择平坦、颜色单一的背景，卸掉妆容，尤其是眼睛和嘴唇的颜色要仔细擦干净。

拿掉脖子和头部所有饰品。

如果是近视眼，可戴上眼镜，保证能清晰地看到镜子里的自己。

拿一块黑色的布，可选择一件黑色的衣服或者能覆盖住肩头大片区域的布料。

一块白色或雪白色的布料，尺寸和黑色类似。

如何判断黑色是否适合自己

眼睛放松，把目光集中在自己的脸部。

忽略发色，或用发带把头发拢在后面，方便你集中观察脸部肤色变化。

把黑色布料放在肩部，包裹住周围，确保颜色能完整地映衬脸部。

究竟黑色是否适合你，看颜色对脸色的影响就可一目了然。

发生了什么

1. 你的皮肤看起来很苍白吗？

2. 黑色是否将你脸部的缺陷放大，如鼻子更大或者下巴线条更宽?

3. 脸部的皱纹和鱼尾纹路是否更加明显?

4. 在你嘴唇上部的小胡子更醒目?

5. 你的眼睛是否变得没有神采?

6. 你的黑眼圈更加突出了吗?

7. 你的嘴唇颜色变黑了?

8. 如你是染发,那发根的原色是否更突出?

或者:

9. 下巴处是否更为紧致?

10. 在眼睛周围是否有阴影?

11. 皱纹和周围纹路被提升了?

12. 皮肤看起来更为光滑?

13. 眼窝和眼角处轮廓是否得到加强?

14. 下巴处的轮廓感增强?

15. 皮肤更加健康和整洁?

结果：

1—8，如果答案都是"Yes"，说明黑色不能为你加分，只会让你显得苍老，会放大皮肤的缺陷。

9—15，如果答案都是"Yes"，恭喜你，黑色就是你的真命色彩，不仅黑色能提升脸部轮廓，其他深色也很适合你。

暖色和冷色系肤色的颜色检测

颜色不仅仅只有黑色哦!

如果你觉得黑色只能带来负面影响，那么要知道那些和黑色相关的颜色也不适合。海军蓝就是这样的颜色，很多上年纪的女性喜欢穿海军蓝，以为这样能让皮肤看起来不错。但不幸的是，海军蓝和黑色有类似的负面作用，很多颜色如黑绿色、棕黑色和灰黑色都不适合。

想知道自己适合穿什么颜色么，那请做这章提供的自我测试吧，你会发现不同的颜色对肤色有不同的影响。如果那些颜色如黑色一样对皮肤有负面影响，那还是在衣橱里把它们清理出去吧。

白色对肤色的影响

将白色布料放在肩膀，暖色系的肤色会更为苍白，特别是在眼睛和嘴唇周围，那里通常不够平滑。

对冷色系皮肤，白色会让整个脸部的肤色更加没有生命活力。

夏季肤色归为冷色系，在白色映衬下皮肤一样显得不健康，白色更为适合秋季和春季肤色。

皮肤黝黑的人如果穿上白色，肤色会像抹了粉一样。**白色不适合那些暖色皮肤，因为白色让肤色的色彩更为不和谐，相比之下，白色比较适合冷色肤色的人。**

雪白色对皮肤的影响

雪白色会让暖色肤色的人皮肤更为光滑，像笼罩了一层苹果光，皮肤的健康度立刻得到提升。

雪白色为春季肤色带入黄色，为秋季肤色带来咖啡色。夏季肤色则不适合雪白色，对冷色肤色来说，雪白色明显不适合。

其他颜色

现在你已清楚是否适合黑色、白色或雪白色，再寻找一些颜色来装点衣橱吧。

想为肤色带来改变，这取决于你的肤色和适合的色彩。

尝试用不同颜色的布料放在肩膀上，看哪种颜色让脸色更佳，适合的颜色能让肤色均匀，眼睛和发色和谐地得到映衬。

当布料上身，最明显变化的区域是眼睛和嘴巴附近，因为这块皮肤通常不够光滑，颜色不同，效果也不同。

眼窝也是最敏感的区域，如果搭配黑色和不适合的颜色，眼窝会有明显的负面效果。错的颜色不仅会增加年岁，让黑眼圈突出，有时还会让本来高挺的鼻子变得不明显。脸部的斑点、疤痕、鱼尾纹等一些缺陷都会因这些错误的颜色而现形。

每个人都想要拥有光滑、自然又漂亮的容颜，颜色虽然不能帮你完全消除斑点、红斑、老态和劳累，但可减少斑点和纹路，起到减淡皱纹的作用。

红色

对于暖色皮肤，深红色很适合春季肤色，橙色、铁锈色适合秋季。夏季肤色不适合红色，因为红色对他们太过强烈，粉蔓越莓色更适合夏季肤色。

栗色和深紫红色适合冬季肤色，如果你需要一些自信和精力，可以穿红色来充电。在人们感到疲惫或需要增添浪漫气息时，红色会是最好的选择。尤其红色会刺激肾上腺素分泌，能加快人们行动的脚步。

黄色

对很多女性来说，黄色都不是讨好的颜色，但据我的经验，当我把黄色披在暖色皮肤的女性身上，她们都会改变对黄色的偏见。

对春季肤色来说，金黄色是完美的颜色，金黄色能提亮她们的发色，让她们棕色或淡褐色的眼睛更加明亮。

芥末黄通常对秋季肤色的人有毁灭性的效果，但如果这个肤色的人有金色或古铜色皮肤，那穿上芥末黄色也有不错的效果。

黄色对冷色系皮肤不是最佳颜色，因为她们的肤色是粉蓝色的底色，黄色不算是很自然和谐的颜色。但是粉黄色对夏季肤色很适合，冬季肤色适合酸性黄色。

黄色是很棒的颜色，能帮助人们提升兴趣和活力，就像阳光一样有治愈作用。

绿色

亮丽的石灰绿属于春季肤色，薄荷色适合夏季肤色，橄榄绿和卡其色能让秋季肤色的人更加美丽动人，翠绿色适合春季和冬季肤色的人。

要小心深绿色，因为其暗含黑色，它对脸部的影响不亚于黑色，尤其对黑发女性，穿深绿色要注意。

绿色有治愈作用，可以帮助内心达到平衡。当你因天气感到沮丧时，穿上绿色能让你心情变好。绿色和心脏能量相关，能营造平和的氛围。

褐色

秋季肤色的女性很适合褐色，栗色和巧克力色也是黑色衍生的颜色。春季肤色的人适合驼色和棕褐色，这两种颜色可以为亮丽的底色提供中和作用。

夏季肤色的人适合穿灰褐色，冬季的人要穿黑褐色，这个颜色也是从黑色中衍生的。

棕色是地球土地的颜色，配合春季的红色、秋季的橘色和冬季的蓝绿色都很完美。褐色比黑色更温和，但穿着时也要注意色彩搭配。

粉色

夏季粉比冬季桃红色更为柔和，同样作为冷色系，夏季的色彩适合冬季肤色的人，冬季的颜色也适合夏季肤色。

夏季粉色也同样适合春季，能让她们看起来更加粉嫩，因为春季肤色的人有着金色肤质，而不是粉蓝色。

春季肤色人的最佳粉色是桃色，有点像冬季的桃红色，不过那些有高原红脸颊的人要回避桃色。

因为秋季肤色的人是古铜色的底色，粉色不适合她们。这个色系只有珊瑚色配橙色时才有最佳效果。

粉色是象征爱和浪漫的颜色，如果想增添女性气质可多穿粉色，粉色是女生的颜色，清新且性感，粉色配蓝色有平衡作用。

蓝色

蓝色是适用性很广的颜色，适合冬季也适合暖色皮肤，蓝眼睛的人穿蓝色不会提升太多吸引力。海军蓝适合冬季肤色，但是暖色皮肤的人要注意，因为海军蓝有黑色的成分，会对脸部带来负面效果。夏季和秋季的人适合空军蓝，春季的人适合亮丽的浅蓝色和蓝绿色。

柔和的蓝色适合夏季肤色，海军蓝适合冬季，亮丽干净的蓝色适合春季，水蓝色适合秋季。

蓝色有让内心安静下来的作用，会使人释放脑下垂体荷尔蒙，当人们感到焦虑时，穿蓝色有助于放松。蓝色也有助于交际，你若出席重要的会议或演讲时，蓝色不仅能让你安静放松，还能让听众更清楚你要表达的内容。

第七章　如果你不适合穿黑色,怎么穿

如果你直接看本章，说明你显然了解自己不适合穿黑色。但是，如果你只是从上一章颜色测试中了解到这一点，那你也只是知道黑色不适合你而已。只有当你了解黑色对脸部所有的负面影响，你才会知道自己是暖色皮肤，一如西方大多数女性一样。

如果你对黑色还是恋恋不舍，那请让我告诉你如何以不同方式继续穿黑色，且丝毫不会影响你的美丽。

1. 不要穿黑色 Polo 衫或者黑色靠近脸部太近的衣服。

2. 如果选择穿一件黑色上装，要尽量选择低 V 领，这样才不会影响你的自然肤色。

3. 要选择适合自己肤色的妆容色彩，这可帮助你适应不同的服装颜色，虽然那个颜色未必是最佳选择。

4. 选择围巾时一定要选择适合自己肤色的颜色，这样才能帮助你的脸色迅速摆脱衣服颜色可能带来的负面影响。

5. 佩戴有颜色的珠宝或者金色（适合暖色皮肤）或

银色（冷色皮肤）的饰品环绕在脖子周围，避免黑色衣服发挥破坏力。

6. 如穿着小黑裙，可佩戴有颜色的披肩、围巾环绕在肩膀。

7. 如果穿黑色的外套，可在里面穿一件有颜色的衬衫，这样衬衫的领子会取代外套更好地映衬肤色。如果白色衬衫让你像躺在医院病床上，可选择奶白色，这个颜色适合很多种肤色。

8. 在腰部以下穿着黑色的裤子或裙子，上身穿有颜色的上装，能起到修身作用。

9. 外面穿一件带颜色的"男友西装"能立刻改变黑色的刻板印象。

10. 如果想添置一件新的小黑裙，可选择双色连衣裙，用黑色搭配其他颜色。

想了解更多女性穿黑色无负面影响的实例，请参考：
www.colourconsultancy.co.uk\book\photos.jpg

🌓 围巾是个宝

戴围巾能缓解不少颜色危机，色彩专家早就发现围
巾对皮肤颜色的影响，这或许对你不算新鲜。围巾曾经
只是黯淡、寒酸和老气的饰品，披肩将围巾带入时尚领域，
女性们从此爱上了这种配件。在晚宴上，披上美丽多彩
的羊毛或丝绸围巾能保暖，这样就不必穿上厚重外套或
者皮夹克了。

从我们了解的主要时尚品牌，如 DVF、米索尼、亚
历山大·麦昆等，它们设计的围巾图案造型各异，有豹纹、
骷髅、花朵等，且颜色多样美丽。高端品牌带动了围巾
行业的兴盛，围巾有长款、细长款、羊毛围脖、棉质或
价格合理的丝绸，这些围巾大大丰富了女性的衣橱。

所以围巾不再是老气和专属于巴黎人的配饰，围巾
成为女性购买最多的时尚配饰。选择一条适合自己肤色
的围巾，其长度和形状不仅能提升脸色，还有塑身作用。

一条适当的围巾能让你放心地穿着黑色。

● 用对珠宝和金属

饰品从未像现在这样铺天盖地，顶级名牌店铺内陈列着各式珠宝，女性可选择的珠宝、金属和玻璃饰品不胜枚举。坦白说，黑色是珠宝最好的底色，选择适合自己肤色的珠宝能对抗黑色带来的负面影响。

如果你是暖色偏黄色的肤色，那所有的黄金饰品都很适合你，上面可镶嵌绿色、红色、琥珀色的宝石。珍珠也能很好地映衬暖色肤色，特别是大颗珍珠效果更明显。

● 注意领子和Polo衫的颜色

任何带领子的衣服和Polo衫都要注意颜色对脸部的影响，你可以穿着黑色外套，但要注意领子的颜色要选对。衬衫也是如此，适合的颜色能很好地映衬皮肤，如果工

作和场合所限，不能选择带颜色的衬衫领子，可选择奶

白色衬衫配黑色外套，这是经典的职业装组合。

◑ 想苗条穿黑色下装

想要变苗条，那黑色显瘦的原理显然更适合下半

身，不过上装要选择适合的颜色。**如想让腿部有拉长作**

用，可在黑色长裤下面穿上黑色鞋子或靴子，同色系的

搭配能让腿更加修长。黑色裙子一样可搭配黑色紧身裤

和鞋子。

同理，在黑色下装上系黑色的皮带也能让身材更为

修长，腰身也更为挺拔。

◑ 小黑裙

选择黑色连衣裙时，要避免黑色领部离脸孔太近，

适当裸露颈部的皮肤能带来更好的效果。如果你想知道

为什么，可尝试把一块黑布盖在脖子处，然后慢慢往下拉，

你会发现黑色的负面影响也在慢慢消失。

也可以买那种黑色底色下有其他颜色的衣服或者两种颜色的服装，且彩色部分在腰部上。穿黑色连衣裙或裤子，外套和上装选择有色彩的衣服，这样的穿着显瘦哦。

● 有色彩的上装让你不显老

很明显穿黑色又不显老的方法就是用彩色上装来搭配。有颜色的T恤、长袖衬衫、绒衣都可穿着在黑色夹克下，或者里面穿黑色，外套选择有颜色的。如果你不喜欢过多颜色，选择白色、奶白色等一些自然色。

● 帽子会影响脸色

要记得帽子的颜色也会影响脸色，如果戴一顶黑色帽子那必然会带来黑色的负面影响，选择有色彩的帽檐会比较合适。

● 用化妆提升气色

如果你坚持穿黑色，那需要用恰当颜色的妆容来弥补黑色的负面影响。确保选择的化妆品颜色适合你的肤色，让你看起来更加年轻。

● 一些实例

苏茜, 歌手

"作为一名出色的和声歌手，我和很多知名的歌手合作过。当我担任和声演唱时，常选择黑色，因为黑色安全且显瘦。做过颜色咨询后，我发现尝试其他颜色能让我的面色更为柔和，也更适合我的肤色。

"我依然要化浓妆，但是比起黑色，我更会尝试一些其他的颜色。黑色能给眼睛制造出黑眼圈，所以最好的办法就是把黑色从脸部除去，或者尝试一些低领的裙子或上装。

"当我成熟后，我发现亮丽的颜色给眼睛带来自然的提升效果。我也会选择有颜色的围巾和首饰来让脸部有神采，避免黑色的负面影响。"

米歇尔,三个孩子的母亲

"我有黑色的头发和深黄色肤色，但是我的衣柜里依然有不少黑色衣服。我尽量不让这些黑色的衣服离我的脸部太近，因为色彩咨询师告诉我黑色让我变得苍老，要让它远离我的脸部。我穿着有颜色的衣服，将黑色的比例弄到最小。我相信明亮的颜色也会照耀每一天。"

菲奥娜,个人助理

"和很多女性一样，我认为黑色是塑身和成熟的颜色，当我遇到色彩咨询师朱尔斯，一切都改变了，我们用了两个小时的时间去探讨什么颜色适合我。

"虽然我才21岁，但是脸部已出现纹路，当朱尔斯将黑色围巾靠近我的脸部时，这些纹路更明显了。有趣的是，当换成白色围巾时，出现一样的效果。直到换成奶白色，才柔化了我的脸部。

"我现在清楚地知道我是标准的秋季肤色女性，适合
暖色系：棕色、橙色、红色、绿色和一些蓝色等。了解这
点的好处就是有很大的购物自由，朱尔斯给我一个色板，
让我随时放在包里，在购物时可以拿出来选择适合的颜
色，省时省力。

"现在我完全转变了，我完全摆脱了黑色的影响。套
用女歌手艾米·怀恩豪斯的话，我将永远不再'回归黑
色'。"

夏洛特，上班族妈妈

"作为两个孩子的母亲，又要照顾孩子又要上班，我
根本没有时间去花心思整理我的衣柜，我需要快速装扮
好就出门。我见过朱尔斯后，她让我了解到我一直都穿
着同款的黑色或深色衣服，而这些其实根本不适合我。
当我发现色彩对我脸部带来的正面影响时，我简直不相
信黑色竟然伴随了我那么多年。

"配件饰品一直都是我的最爱，但因预算有限，我不

想花费太多钱在上面。我选择围巾、首饰和带颜色的上装搭配旧的黑色西服，这样不仅不用花钱重新购置新衣服，而且还经济地完成衣柜的变身。"

伊丽莎白, 职业女性

"我是一家公司的老板，当我会见客户时，必须保证我的形象得体端庄。我的皮肤苍白，金发蓝眼睛，直到40岁前，我都没意识到黑色对我的负面影响。朱尔斯给我展示黑色对我脸部的负面影响时，我发现涂抹再浓的妆容也无法掩盖。

"为了让自己焕然一新，我买了不少灰色和蓝色的外套，这些都比黑色温和，更能柔化我的肤色。出席晚宴时，我依然穿着优雅端庄的黑色，但会选择低胸的款式。不过每次我穿着带颜色的裙子时，都能得到女性朋友的赞美，这鼓励我去买更多带颜色的衣服。能找到适合自己的颜色就能拥有全新的形象。"

克伦,室内设计

"几年前,我还是黑色的奴隶,黑色能让我感觉稳定,
出差、旅行穿黑色总是很便利,但不可否认这样很无聊
很保守。黑色在很多场合都是时髦的色彩,我的衣柜里
有很多黑色,但是我穿着时有自己的原则。比如我从不
让黑色靠近我的脸部,这样会让我看起来苍老、没精神
和很忧伤。

"当我穿黑色时,我都搭配其他颜色,我用漂亮的蓝
色、蓝绿色和翠绿色的围巾、珠宝、手袋、手套和夹克
来丰富我的衣橱。当人们夸奖说'这个颜色真棒,让你眼
睛的颜色更加突出美丽'时,我觉得黑色魔咒消失了。"

苏,人力资源管理师

"我过去常在工作场合穿黑色,特别是在20岁到30
岁时 。我有很多件黑色西装、笔挺的裤子、小黑裙,我
穿黑色因为我觉得它让我感觉苗条、简单又聪明。

"当我找到合适的颜色,我才发现黑色带给我的负面

效果。当对的颜色上身后，我感觉自己变年轻了。现在我已50岁，皮肤有了明显的皱纹和暗沉，如果再穿黑色实在不明智。

"我很开心得到色彩专家的帮助，恰当的颜色让我感觉年轻又乐观，黑色和深色的影响在恰当的颜色映衬下，负面作用减轻。我可以诚实地说，我的购物方式和品位也随之改变，我喜欢买服装也爱买配件，如手袋和围巾。我不会浪费时间在衣架上一件件找，我只搜寻我的颜色，不适合的根本不看不买，省钱省力。

"我衣橱的色彩也很丰富，黑色的衣服依然有，但我学会用对的颜色搭配这些衣服，当然现在我已很少买黑色衣服了。"

梅尔，健身教练

在梅尔来找我咨询时，她还是标准的黑衣控。不过她希望我能为她带来一些改变，她说："我买黑色的理由很大众，因为黑色好搭，不过现在要停止这种想法了。"

她是春季的暖色皮肤，有着金色的肤质和可爱的绿眼睛，适合浅蓝色、绿色、紫色和粉色。她说："颜色带来的改变太大了，连我先生都能注意到我现在光彩照人。"

如果你对梅尔的衣橱感兴趣，可以在这个网址查看照片：www.colourconsultancy.co.uk\book\mels-wardrobes.jpg

● 该穿什么颜色的服装

如果你阅读了之前自我测试的章节，应该了解了自己的特质和肤色，下面的季节描述会告诉你具体哪些颜色的衣服、饰品适合放入衣橱，且包括妆容颜色的选择。色板将成为你的个人工具，帮助你了解什么是对的颜色。

● 春季女人

春季的颜色

春季女性适合的颜色范围很广泛，从浅色到深色都能适合。这类人的皮肤有斑点，脸颊粉红，年岁增长后，皮肤则有暗沉现象。很多偏深色肤色的春季肤色人混合深金棕色，春季本身就是一个散发着金色活力的季节。

如果你是乐观型且眼睛明亮，那多数属于春季。你的眼睛颜色可能是蓝色、蓝绿色、灰色或灰绿，在虹膜外围散发着黄色图案。棕色眼睛则有清楚的图案。

这个类型的人发色多种多样，红色、草莓金、沙色、黑棕和黑色头发都是春季色，染发时不要掺入灰色。

春季和秋季的区别在于，春季型人的色彩更为突出，通常在运动后，脸部呈现玫瑰色，且很容易脸红。很多春季肤色的人很容易晒成小麦色或金色。

一些春季肤色的人肤色和夏季肤色接近，但是这类人在犹豫穿冷色还是暖色时，可把布料靠近脸部，看看肤色变化。很多女性被错误地归为夏季，其实她们是春季肤色，更适合亮丽的颜色。

当你穿着对的颜色，脸部会有明显改观，看起来更为健康青春。

春季的衣柜

春季的颜色就如春季的人一样，应属于欢快开朗的色彩。这些都是纯色、彩虹色、和阳光一样的黄色。在脑中想象春季刚萌发的嫩叶和鲜花，它们包含了很多颜色，这些都有治愈作用，来自我们赖以生存的阳光，赋予生命的能量。

春季人有三种基色可选：红、蓝、黄，它们组合在一起形成绿色，加入白色则形成紫色和橙色。红色、橙色和白色按不同比例组合出桃色、珊瑚色，这些都适合春季肤色。

如果你的皮肤偏黑，也许不能感受到这些色彩带来的明显变化，不过没道理黑色肤色的人就该穿黑色或冷色系衣服。

更亮丽的颜色适合乐观的性格，即使是浅色或深色肤色也可以从中受益。亮丽的颜色比其他颜色效果更明显，因为它们属于治愈的彩虹色，可以减轻暗沉，让皮肤更光滑，使人面貌更为年轻。

事实上，衣橱只要有少数亮色服装就能有不同效果。你的衣橱也是如此吗？有些人即使接受人们的赞美，也很少穿亮色服装。

乐观性格的人很容易被潮流影响，她们可能多年都把自己隐藏在所谓的黑色或海军蓝的时髦中，直到年华流失，才发现脸上的黑眼圈和暗沉被黑色映衬得日益明显。黑色不仅是葬礼时的颜色，在很多时候也有时尚文化地位。有时，为了悼念亲人、分手、老去或健康问题，人们也会选择黑色。所以无论是年轻的女性还是年长的女性都会用黑色来象征无助的内心，变得越发忧郁。

如果你也正遭遇这些不幸，你可以逐渐尝试一些亮

色来帮助你治愈内心的忧伤。也许你会觉得这些颜色过

于艳丽，不适宜当下的心情，可选择将周边的家具摆设

换成亮色，如一张漂亮的明信片、好看的靠垫、玻璃装

饰物等，光是看着就能有好心情。同时，也不要忽略使

用那些适合自己的色彩，当纯亮色被白色稀释后，会有

很好的治愈效果。

　　颜色是灵活的，当我们用三原色配上黑色和白色，

这五种颜色能形成多种色彩。这意味着适合你的那些亮

色、暖色加减白色能有多种变化组合，但是黑色不行，黑

色加上黑色也只是更黑，但凡穿黑色，就要远离脸部。

　　奶白色是很好的基色，柔和的暖棕色也可作为你亮

色衣装的背景。因为这个类型的人适合的色彩多为亮色

系，当衣服靠近脸部，会营造出不同的惊艳效果。

　　如果你的亚特征很明显，可参考肤色个性那一章节，

帮助你分辨出哪种最接近你的本色。我们每个人都是复

杂多元的，肤色特征也拥有主要特征和亚特征，组合出

不同的类型。乐观 /精力旺盛型和乐观 /冷静型截然不同，因为不同等级的能量会影响人的行为和生活态度。

每日的春天色彩

鲜绿色、鲜红色、亮粉色、珊瑚色、艳蓝色、浅黄色和金色、米白色、奶白色、青绿色、鲜橙色、裸色、石色。所有的褐色搭配奶白色、红色、蓝绿色、桃色、珊瑚色和黄色都很和谐。海军蓝适合与桃色、粉色、翠绿色、蓝绿色、珊瑚色和黄色相衬。

工作中的春天色彩

米白色和奶白色配合少量的亮色；米白色和奶白色配褐色、驼色、灰色和海军蓝；海军蓝、灰色和石色配少量亮色。

配件的春天色彩

鞋子和手袋以褐色、驼色、灰色和米白色为佳，避免使用黑色，除非穿黑色连衣裙。金色晚宴包配金色鞋子尤其适合晚装。围巾该选择亮色，能映衬脸色。

首饰的春天色彩

对于黄色底色的春季肤色人来说，首饰的最佳颜色是金黄色。适合你的珠宝颜色包括青绿色、红色和翠绿色。对于古典优雅的装扮，珍珠也很可爱。

妆容的春天色彩

当你喜欢的颜色改变时，肯定积攒了不少废弃的化妆品。你选择的化妆品颜色要配合你自然的肤色和亮丽的着装，桃色配奶白色会是不错的选择。

底妆

你的粉底颜色要选择暖色和黄色/金色，配上桃色或米黄色，不要使用玫瑰色和粉色。

腮红

桃色和杏黄色最适合春季肤色的人，对于熟女或皮肤状况一般的人来说，可加入更多柔和的桃色或米黄色腮红。

如果你是那种血色红润的春季肤色，可选用粉色的腮红，但要保证自己是黄色的肤色。

桃色、橘色腮红能很好地配合红润肤色。

如果你是肤色黝黑的春季肤质，你需要更深的腮红，如红棕色或是金棕色，可以保持这类人的活力形象。

眼睛

绿色配合适量的黄色再混上蓝色适合春季肤质，这些颜色组合一起会为你打造自然的妆容，尤其拥有绿色眼睛的人应该尝试这样的颜色。绿色眼线和中性灰是最佳颜色，不要使用黑色，除非你有很明显的黑色特质。棕色也要回避，因为它会让你的眼睛看起来像得了结膜炎一样，没有神采。

荧光色配合柔和的桃红、奶白色或嫩黄/绿色效果也不错，亮绿色和蓝绿色也能让眼睛更加光彩动人。睫毛膏适合选择棕色或绿色，如果你是黑发的春季肤色，要选用黑色。

商务场合的颜色

棕色和灰色是商业场合的常见色，它们的沉闷感会

被亮色抵消。虽然这些略显沉闷的暗调在工作中有用，
但会让你的眼睛更小。

紫色的眼影效果不错，因为它能完美地配合你们桃
色的皮肤，再配上一点金色就可以去参加派对了。

嘴唇

桃色双颊，珊瑚色和芒果色的唇膏让你气色更好。
如果穿较特别的衣服，可选择较衣服颜色更重的唇色。
如果你的肤色较深，可选择金红色。

在本书的末尾有色板图，如想了解更多细
节，更清楚自己的春季色彩，可登录：http://www.
colourconsultancy.co.uk\book\spring-fan.jpg

秋季女人

秋季的色彩

这个类型的色彩区间也很广泛，皮肤颜色呈现可爱
的金属光泽，有时颜色会略深。她们可以有很多颜色选择，

其金色/古铜色皮肤也可能晒后成为小麦色。

和春季肤色一样，秋季肤色也有金色的底色，但是她们的脸颊颜色不似春季那般红润，而是更呈金色或橙色调。

作为秋季肤色的你，会有明亮的蓝色、绿色、灰绿色的眼睛，如果你属于深色秋季肤色，眼睛颜色多为棕色或绿色，有着棕色和绿色斑点。你的眼睛在虹膜周围有金色或棕色颜色环绕。

这类型的人发色颜色多元，但多数可能是古铜色、金属色、赤褐色和深亚麻色、深棕色，有时黑色发色也属于秋季类型。避免掺入灰色，保持金色或铜色基调。

这类人精力旺盛的性格促使衣着颜色充满变化，柔和的色系和土色都很适合她们，能够增加强烈个性。

你的土色很容易和其他秋季颜色搭配，你是四种类型中唯一能将亮色和深苔绿色完美演绎的类型，配合你天生的棕色和橙色肤色简直是加分百分百。

黑色不是你的颜色，避免它靠近你的脸部，温暖的秋季颜色能最好地发挥你优雅的气质。

秋季的衣柜

秋季肤色的颜色以暖色和橙色分离出来的为主，颜色温和、浅淡，让人能想起秋天的感觉。受这些大地颜色的影响，秋季的人性格外向且有时很感性。对秋季人来说，**棕色和橄榄绿、水蓝色、空军蓝和深紫色，再加入一些黄色就能形成很棒的色彩组合。**

乐观的天性让这个类型的人适合桃色和杏色，可以配上奶白色来中和。如果觉得橙色太过明亮，可以加入桃色来增加变化。

秋季人是唯一适合芥末黄色的人群，这也是为什么他们被归属于精力旺盛的人群，因为按希波克拉底的理论心情和黄色相关。

秋季人的色板包括很多颜色，这些颜色组合在一起形成温暖如家的和谐氛围。秋季的颜色通常都会让人心情舒畅，充满活力。

乐观型的人如果精力十分充沛也可归为精力旺盛类型，他们比那些纯正乐观型的人眼睛图案更为特别，和人相处也更有耐心。

每日的秋季颜色

橙色、红橙色、橄榄绿、金色、蓝绿色、米白色、棕色、水蓝色、奶白色和秋季颜色组合出生动的颜色。

棕色和卡其色、暖灰和红色是很可爱的组合。

工作的秋季颜色

棕色配少量暖色的亮色、绿色、金色；米白色和很多秋季颜色——橙色、水蓝色、铁锈色；海军蓝和少量橙色或米白色。

配件的秋季颜色

所有棕色系的手袋和鞋子都可自由购买，黑色和白色不属于你的颜色范围，可以用巧克力棕色和米白色代替。金色和古铜色适合晚宴派对。围巾也是最佳配饰，选择柔和的色彩适合很多种场合。花呢外套、有旋涡图案或动物图案的配件都很适合。

首饰的秋季颜色

古铜色、铜色、古董金很适合秋季人的肤色。如果头发是灰色的，很适合佩戴银饰。秋季人的珠宝风格可以选择大胆、狂野和厚重的风格（除非你个子矮小），琥珀色或黑绿色的大块石头、大珍珠和珠子也很适合。

化妆品的秋季颜色

选择古铜色的化妆品配合金属光泽可打造出成熟又美丽的妆容。

底妆

根据肤色颜色，选择或浓或淡的暖系桃红和米黄色。

腮红

红棕色和金棕色的腮红最适合秋季肤色人，即使纯棕色也很适合。如果你属于隐形的秋季肤色可尝试用杏色腮红代替。

眼睛

棕色和金色眼影很适合秋季人，使用绿色和深蓝绿色也会有很棒的效果哦。如果你喜欢紫色，淡紫色也是属于你的颜色。记得如果你的皮肤偏深，就选用深色系的化妆品。

你可用棕色的眼线，这是只属于秋季人的颜色。但是绿色也属于这类人的卡其色范围。所有金色系都是不错的选择，还有淡米黄色和桃色。白皙肤色的人可尝试米白色。

棕色的睫毛膏也是最佳选择，绿色和紫色也是。只有那些肤色很深的人才可使用黑色。

嘴唇

所有的棕色系都适合秋季人，古铜色的唇彩也很优雅。橘色不错，如果你是深色肤色，可选用深暖红色。

秋季人的色板可在本书的末尾找到，如想了解更多的细节请登录: http://www.colourconsultancy.co.uk/

book/autumn-fan.jpg

⬤ 夏季女人

夏季的颜色

如果你是夏季肤色，皮肤一定很白皙，即使你的脸色粉粉的，也没有红润的双颊或毛细血管破裂的痕迹，你很难被晒成小麦色，也不适合阳光。

夏季人如果穿恰当颜色的衣服会全身散发出珍珠般的柔和光彩，显得气色更为纯净清新。关键是要选适合的颜色，黑色或深色对她们太沉重了。

夏季人的发色也是多样的，从古铜色到深色，虽然也有黑色发色，但属少数。

夏季人的眼睛图案呈现玻璃碎片状，不是很清晰的蓝色，其冷漠个性是安静和内向的，因此适合比较柔和的色系。即使你有着蓝粉色的皮肤特点，黑色依然不是适合的颜色。

夏季的衣柜

夏季肤色的对应颜色很多元，柔和的彩虹色加上白色可形成多种颜色组合。想象一下夏季挂在外面的棉布长裙，在阳光的照耀下日渐退色，这种色彩就是夏季色彩的源头。

夏季肤色有自然吸引力，配合着传统的蓝色。在夏季人色彩里有治愈的气场，如果在之前的个性问卷里你的得分很接近其他类型的肤色，那亚特征的内容会更适合你。

这会帮助你更好地分析自己，例如，这个类型的很多人散发着吸引人的魅力，让生活变得轻松。那些上了年纪头发斑白的女性（有时是因为寡居）可能自动把自己归为这类。这显示出她们对生活信心的丧失，下意识地认为自己应该灰头土脸低调度日。

这些因素会影响你在个性问卷里的分数，可能对应的色彩未必适合你真正的肤色。对于那些天生外向性格的人，本来是乐观或精力旺盛类型，但因生活的艰难和失去信心也会让结果有偏颇。

如果你有以上的情况，最好选择你所在色彩区域的暖色调，避免自己的颜色归入灰色区。选择自己真正对应的色彩有治愈效果，能提升皮肤的光泽。

每日的夏季肤色

米白色、淡蓝色、黄色、绿色、粉色、熏衣草色，浅蓝色是很好的背景色，搭配粉色、蓝色、蓝绿色、银灰色和淡紫色。

在白色背景下搭配柔和的图案和淡花朵图案也非常美丽。

工作中的夏季肤色

浅褐色配米白色或海军蓝、淡蓝色和浅灰色都适合在工作中穿着。

夏季的配饰

手袋和鞋子选择棕色很适合夏季肤色，但不要太暖

色,如黄色基调的颜色。远离黑色,但可使用灰色和蓝色,
海军蓝色也是很棒的配件颜色。

夏季肤色人选择围巾适合选柔和的色系,能够帮助提
升脸部光彩,精巧的图案和花朵图案也会提升女性气质。

夏季的珠宝

珍珠会让夏季人更为美丽,特别是粉色色泽的更能
增添气质。铂金、白色及玫瑰金的都不错,柔和色泽的
小石头饰品也很适合,夸张的大饰品最好不要尝试,要
按对应的个人比例来决定。

夏季的化妆品

夏季人的妆容主要是柔和精致风格,也许这类人对
化妆兴趣不大,但是色彩会让她们有惊人的改变。这类
人的化妆品需要增加,但妆容以简单浅淡为主。

底妆

夏季人需要冷色系、蓝色色调的玫瑰色而不是桃色,
或者根本就是接近裸妆的效果就好。

腮红

柔和的玫瑰色适合所有的夏季女性。

眼睛

熏衣草色和柔和蓝色、灰色会让你的眼睛更为动人。
粉色和银色则适合在派对上使用。

柔和的灰色和棕色的睫毛膏最佳，如果皮肤颜色较
深，可尝试黑色睫毛膏，或者海军蓝和蓝黑色也不错。
夜晚适合使用柔和的粉色、奶白色和银色。

嘴唇

夏季人适合的唇膏颜色以冷色系的淡粉色为宜，覆
盆子色也很适合。干净的粉色适合白天妆容，夜晚可尝
试亮丽的、偏冷调的粉色唇膏。

夏季人的色板可在本书的末尾找到，如想了解更多
细节请登录：http://www.colourconsultancy.co.uk/
book/summer-fan.jpg

第八章　适合黑色的你如何驾驭它

现在大家已经做完本书所有的自我测试部分，如果你很幸运是能够玩转黑色的女性，那完全不用担心黑色对脸部的负面影响。在测试部分多数问题都回答Yes，意味着你的个性是属于忧郁型的，穿上冷色系的冬季颜色完全不违和。

这个类型的人可找到自己适合的颜色，搭配黑色营造出独特的气质和个性。接下来你会发现什么颜色的妆容、珠宝和配件最适合自己。你的颜色板会为你提供所有冷色调选择，来帮助你丰富你的衣橱和配饰。

● 冬季女人

冬季的颜色

对于冷色系肤色的你，玫瑰色的底色很适合你，你可以是浅淡的肤色，也可以是深色的，但是多半都没有玫瑰色的脸颊。她们的皮肤多半很透明，这点很容易和春季肤色人搞混。

冬季人有着深色头发和苍白的肤色，她们很难晒成小麦色，最多是浅灰色。她们的眼睛是灰色、蓝色或者灰色和蓝色的混合色，黑棕色或少见的绿色。她们眼睛的图案有很深的隐窝，或者从瞳孔到神经环有直线的轮辐。

这类人的发色也很多样，有古铜色，但是更可能是深棕色或黑色。对很多人是噩梦的灰色和白色发色却使这类人显得很有腔调。

黑色才是冬季人的真命色！

不像其他三季人，黑色上身后，在脸部不会突显纹路、黑眼圈。黑色不仅和她们的肤色和谐共处，配合其他冷色如蓝灰色也很适合。

冬季的衣柜

冬季人的颜色有红基色、蓝色、黄色、纯绿色混合黑色，洋红色也是很治愈的颜色。

当人们选择衣服的标准从时髦出发，而不是依照个

性,就会大量使用粉色。冬季人是唯一适合紫红色的人群,

但需要穿着材质高档的衣服来突显气质。丝质的围巾和

披肩靠近脸部也会形成很棒的效果。

纯白色和黑色绝对是冬季人的颜色,不过相比其他

季节的人,冬季人的颜色选择相对受限,所以如何把黑

色穿出特色变得更重要。

最好的办法是利用冬季人先天独特的肤色和发色,

打造出简约又古典的风格。

清冷的颜色配上粉色、蓝色和深绿色会营造出一

种很优雅的感觉。品蓝色也非常耀眼,黑灰色能很好地

映衬肤色,尤其佩戴银饰效果更佳。因为冬季人颜色冷

且强烈,可加入白色和其他深色如棕色、灰色和海军蓝。

重要提示: 如果你的双颊颜色突出或者明显可见毛

细血管,那么蓝粉色是不适合的。因为这个颜色让毛细

血管的蓝色更为突出,而不是起修补作用。很多有蓝色

肤质的人都不知道这点。

实际上，双颊颜色突出是乐观 /春季型人的特征，这也许说明你不是纯正的忧郁型肤质。但是一个乐观的人如果发现这点会难以适应，也会因此很沮丧。如果是这样，需要加入桃色而不是粉色等乐观型颜色，以让你的双颊颜色没那么突出。

每日的冬季色彩

白色、黑色和浅莲红、酸黄色、电子蓝、青绿色、栗色、紫红色、深紫色、深红色、黑绿色。不要一次混合两种以上的颜色，如果选择暖色服装，一定要让其远离你的脸部。

工作中的冬季色彩

黑色、深灰、海军蓝、黑绿色和白色衬衫。

配件的冬季色彩

黑色，黑色，黑色，这类人可尽情享受黑色，手袋和鞋子全部都是黑色。棕色要运用在搭配和点睛黑色的基础上。白色可以在夏季穿着，银色的鞋子和对应的手袋可用在夜晚派对上发光发热时使用。

围巾的图案可选择几何、条纹和各式夸张的花纹。光滑的丝绸材质在黑色的衣服上会显得格外有质感。

首饰的冬季色彩

铂金、白色的金银首饰配钻石、绿宝石、水晶、蓝宝石都是很棒的选择，极简风格是这类型人的王道，但是这些珠宝在黑色的衣服上能更好地映衬肤色。

化妆品的冬季色彩

如果是纯正冬季忧郁性格类型，一定对自身形象要求尽善尽美。选择的化妆品颜色一定是最冷的色调，让肤色更为和谐而不是和暖色肤色一样突出。

底妆

冬季人不管皮肤是浅还是深，底妆都应该是冷色、蓝色底色。

腮红

强烈的蓝色和粉色会为冬季人打造出健康的妆容，

因为这类人的皮肤通常是无色的。她们可以涂抹浓妆，只要不过分就行。

眼睛

所有的蓝色都适合冬季肤质。粉色和深紫色也不错。那些有着纯正冬季肤色的人都能很好地消化强烈的色彩，让皮肤更加自然。眼线适合黑色或灰色，睫毛膏选择黑色，还可随着年龄的增长而换成灰色。海军蓝和蓝色是派对上的眼影色彩。银色感觉比较突出的肤色可尝试灰色或柔和的粉色。

嘴唇

强烈的粉色和冷红色唇膏会让冬季人光彩照人。一定要远离暖色调。

在本书的末尾有色板图，如想了解更多细节，更清楚自己的冬季色彩，可登录：http://www.colourconsultancy.co.uk\book\winter-fan.jpg

第九章　穿黑色的男人

这一章专门为男士所写。买这本书的也许是一位男士，如果是女士也可将这一章的信息和先生或男朋友分享。通过对本书的阅读，相信不少男性都可瞬间变身，这些颜色的新知也可分享给他人。

不仅女性有爱美之心，男士也不例外。很多男性的衣服颜色都很保守单一，比起职业女性，他们的衣橱更是乏善可陈。所以生活中大部分男人都会选择黑色。

黑色对脸部的负面影响是男女平等的，甚至对男性的影响更为严重。因为男性不会像女性那样用化妆掩盖黑眼圈和皱纹，因此男性找到对的颜色后，对脸部改变的效果也会更明显。

◐ 商务颜色

在商务场合，第一印象至关重要，因为 90％的人是在初次见面的10至40秒的时间确定了对对方的印象。想呈现专业正面的印象，一定要衣着得体。维多利亚时期的小说家，安东尼·特罗洛普曾这样写道："我认为穿着最佳的绅士应该让人无法察觉出精心打扮的痕迹。"很多男士穿衣服不是为了适合自己，而是为适应场合和目的。

仪表非凡是自信的源泉，当男性自我感觉良好时，会充满自我价值认同感，且会很正面地行事。这本书提供的自我测试部分一样适用于男性（化妆那部分问题可忽略不答）。做过测试的女性也可以将其应用在伴侣身上，像改造自己一样改造他吧。

完成个人测试部分，他们将会清楚自己所属的肤色类型及明确白己想要对外界树立的印象。

夏季/冷静型男士

这类男性平和、善解人意、努力工作且对人友善。因为善于倾听，所以很受重用。他们做事理性，所以同事很信任这类人。他们善于交际、仪表整洁且做事有效率。不过因太专注细节而做事速度缓慢。

春季/乐观型男士

他们是社会型人才，交友众多，个性富有创造力，精力旺盛且善于交流。他们喜欢被人簇拥，所以广交朋友且很享受社交生活。但是，如果他们能少说多听会更为讨人喜欢，他们因幽默感强，常给人愉悦感，如对事情更为严肃认真，必会从中受益。

秋季/精力旺盛型男士

他们有组织能力，善于做决断，是很好的领导者。他们喜欢承担责任，虽然有时过于自我。多倾听能让他们更有人缘。良好的决断和领导力会让他们平步青云。

冬季/忧郁型男士

这个类型的人是完美主义者，但有时过于担心他人对自己的看法。如果他们能自然地表现自己，其天然的创造力和冷静个性会吸引很多朋友。作为完美主义者，他们很少犯错，也善于倾听。

● 男人的颜色——冷色或暖色

如果已完成自我检测的部分，那肯定弄清楚自己所属的色系是冷色还是暖色了。这关系到他们在工作中呈现的形象和黑色是否真正适合，当然还有休闲服装的颜色。

暖色肤色的男性，如春季和秋季，他们的颜色选择很多，也许有的不适合在工作中穿着，但私下可以穿。

对每个男士来说，佩戴亮色的领带都非常不错。领带接近脸部，所以亮色能提升面部效果，带来健康年轻的形象。但是，如果是需要打扮老成的场合，就要选择深色的领带配白衬衫和深色外套。

古典的褐色和绿色是很乡土气息的颜色，不太适合在工作场合出现。除非工作环境在乡村，那里传统的风味会和这些颜色有和谐感。

休闲装的选择自由度比较大，但是黑色Polo领子的衬衫对暖色肤色人则起到增龄的效果。

在商业场合，西装和衬衫颜色反差也是权力的象征，有些颜色如黑色能让一些男性看起来很严厉，也会让一些人看起来更加亲切。所以要了解所属的颜色，将其作用发挥到最大。

夏季男人

夏季男性有着冷色的肤质，没有斑点，也没有玫瑰色的双颊。他们适合的颜色比较传统，且不要用色过多。**黑色不是夏季男人的颜色，要将黑色远离脸部，因为黑色只会让他们难以亲近和老气。**

西装、裤子、夹克

淡灰色、海军蓝、米白色、牛仔蓝、淡棕色。

衬衫

任何夏季的肤色都可穿着米白色衬衫和深色衬衫。亮粉色 /红色、米白色衬衫配蓝西装。

领带

所有柔和的颜色：米白色(最好是亮白色)、红酒红、石色、白色带一些有颜色的小花纹、白色带有颜色的条纹。

配件

鞋子和腰带可选石色或淡棕色、海军蓝、灰色和米白色。

眼镜架、袖扣、珠宝

银质和铂金材质、柔和色泽的石头、灰色和蓝色的银质和塑料镜架。

在本书的末尾有色板图，如想了解更多细节，更清楚自己的夏季色彩，可登录：http://www.colourconsultancy.co.uk\book\summer-fan.jpg

春季男人

春季男性的颜色偏向明亮、温暖和清晰的颜色，但是在工作场合中常无法选择这些柔和的暖色，**很多春季男性都喜欢穿黑色，为了避免脸部年龄增加，最好是考虑到自身暖色肤质，让黑色部分离脸部远一些。**

西装、裤子、夹克

米白色、驼色、小麦色、海军蓝、浅蓝色、淡灰或深灰、石色。

衬衫

米白色、白色带有春季颜色的图案、印花、浅粉色、黄色和蓝色。

如果必须穿黑色，最好搭配一些有颜色的图案来中和负面影响。

领带

暖色和亮色的春季色系。

配件

鞋子和腰带的颜色可以是棕色、驼色、米白色、黑色(如果是为呼应身上的黑色服饰)、灰色。

眼镜架、袖扣、珠宝

金黄色、春季色彩的宝石，镜架是柔和春季色彩的金属或塑料材质。

在本书的末尾有色板图，如想了解更多细节，更清楚自己的春季色彩，可登录：http://www.

colourconsultancy.co.uk\book\spring-fan.jpg

秋季男人

和春色肤色的人相比，秋季人的皮肤是古铜色的底色，他们没有玫瑰色的双颊，颧骨的颜色也不突出。他们是属于大地和秋季的颜色，在色彩范围内的柔和系列都很适合，他们应该绕开夏季的色调，因为这样会让他们脸色无光。**冬季色彩区的颜色也不适合秋季人，特别是黑色。**秋季人适合的颜色有些和春季人颜色交叉，不过太亮丽的颜色会影响男性古铜色的魅力。

西装、裤子、夹克

所有的棕色、金色、空军蓝、米白色或奶白色、驼色、黑色和灰色。

衬衫

米白色或奶白色、驼色、浅淡的秋季颜色，他们要小心粉色，因为其有珊瑚色的底色。

领带

任何秋季的颜色：红色、橘色、绿色和水蓝色。大胆的动物图案、打印图案、直条纹或暖色的格子图案。

配件

鞋子和腰带最好是棕色、小麦色或驼色、海军蓝或深灰色。

眼镜架、袖扣、珠宝

铜色、古铜色或金色、土地色系、琥珀色、红色或棕色，绿色和棕色的镜架是不错的选择。

在本书的末尾有色板图，如想了解更多细节，更清楚自己的秋季色彩，可登录：http://www.colourconsultancy.co.uk\book\autumn-fan.jpg

冬季男人

冬季肤色的男性不用担心黑色的负面作用，他们适合的颜色都是冷色系。我的意见是远离夏季色彩，因为它们对冬季人来说太过柔和。秋季和春季的颜色也不适合他们，因为冬季人的肤质是蓝粉色的基色。

对于冬季人来说，一次不要尝试两种以上的颜色组合，他们需要简单、优雅的风格。

西装、裤子、夹克

黑色、海军蓝、深灰、深棕色。

衬衫

白色、冷黄或粉、蓝或紫、任何冬季的颜色配合黑或白。

领带

黑色、白色、直条纹或带印纹图案、紫色、红色和桃红色。

配件

鞋子和腰带可以是黑色或白色、海军蓝、深灰和深棕色。

眼镜架、袖扣、珠宝

银质或白色金属；钻石或冷色系的宝石；镜架可选择

冷灰或蓝色、银色和黑色的塑料材质。

在本书的末尾有色板图，如想了解更多细节，更清楚自己的冬季色彩，可登录：http://www.colourconsultancy.co.uk\book\winter-fan.jpg

男性穿黑色——No

男人一直觉得黑色又酷又古典，但没有意识到黑色对其脸部造成的毁灭性影响。看看罗宾·威廉姆斯，那么优雅的一个明星，现在开始穿着黑色的他老态尽显，眼睛下面的黑眼圈、嘴唇周围的皱纹让他看起来又累又无精打采。如果他能穿一些适合他肤色的衣服，肯定能年轻许多。

伊恩是一位公司主管，他说起自己的"黑色衣橱"："在工作和生活中，我有不同的理由穿着黑色。

"在职场，轻便的黑色西装非常适合，无论是在都市还是出境都很适合。通常我会穿蓝色或白色衬衫来搭配黑色西装，再根据场合选择戴不戴领带。

"黑色西装是中庸的穿着，不算时髦款式。我是 1.87 米，偏好穿修长剪裁，注重后背线条的西装。晚上社交的时候，我会穿黑色衬衫（冬天外面套黑色外套），下面穿牛仔裤和裤子都很般配。

"我喜欢黑色（或深蓝色）有三个理由，首先，我不太偏好那种色彩鲜艳的海滩装束。第二，黑色对我来说，代表着正式，即使款式休闲也没关系。第三，黑色很时髦，我穿起来也觉得很舒服。黑色不是适合每个人，但是我喜欢的设计师都选用黑色凸显完美的细节，而不是用花俏的颜色让人忽略细节。"

下面是伊恩的妻子对他穿黑色的描述：

"伊恩很喜欢黑色，我认为他品位不错，一直都着装得体。他现在已步入 50 岁，近几年我注意到如果他穿蓝色衬衫和运动罩衫时，就会显得很年轻，脸色也很好。黑色让他的脸显得疲惫，所以我现在鼓励他尝试更多颜色。"

对那些一直穿着黑色的男性，如果无惧黑色的负面
影响而继续穿着黑色，下面有一些窍门：

1. 穿深灰色或蓝色西装来替代黑色。

2. 选择色彩亮丽的领带为脸部打光。

3. 穿白色、奶白色或亮色的衬衫来搭配黑西装。

4. 选择上面带有彩色图案的黑色衬衫。

5. 穿黑色裤子配有彩色的衬衫。

6. 冬季穿着黑色大衣或夹克时，配上一条彩色或柔
和色彩的围巾。

7. 不要穿黑色的圆领 T恤。

8. 不要穿黑色Polo衫。

9. 不要穿深色图案的黑色衬衫。

10. 纯黑色太过严肃，适量购置一些有直条纹、小
格子、人字形、棋盘格花纹的黑色衬衫。

第十章　黑色主义

　　希望通过阅读这本书能让你清楚找到适合自己个性
和外表的颜色。现在你应该了解到只有内向、冷色系肤
质的人才能真正无忧地穿着黑色。这类人可以大胆地将
黑色布满他的衣橱，追求时尚推崇的黑色潮流，不用担
心黑色会给皮肤带来负面影响。

　　对于那些不适合黑色的人，如果你已和黑色断绝关
系，希望你已晓得黑色对脸部造成的负面影响，寻求适
合自己肤色的颜色来提升光彩。

　　每个人都能装扮漂亮，充满自信地生活，越早找到
对的颜色，就能越多受益。如果能将这本书和年轻人分
享，能帮助他们在年轻时就知道自己适合什么颜色。如果你
身边的男士女士都是上了年纪的人，也可以帮助他们找
到让脸部看起来更年轻的颜色。

　　生活里，需要浅色和黑色，就像我们需要白天和夜
晚一样。如果我们彻底了解颜色的好处，能让生活变得
更为正面、和谐和自信。

黑色有很多意义，不管是什么原因吸引你，都要根据自身的特色来选择颜色。了解自己及使用对的颜色才是置衣关键。

将黑色和其他适合的颜色组合，不仅能享受苗条和性感，还不用担心让脸部变老，缺陷凸显，可谓一举多得。

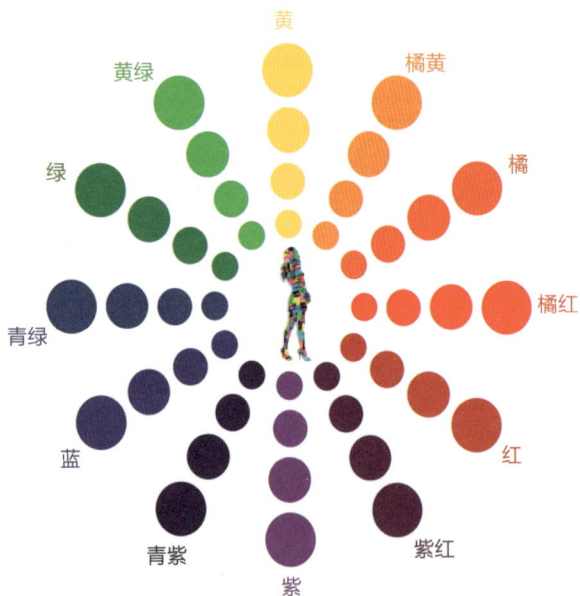

黄

黄绿　　　　　橘黄

绿　　　　　　　橘

　　　　　　　　橘红

青绿

蓝　　　　　　　红

　青紫　　　紫红

　　　紫

春季

秋季

夏季

冬季